国产软件通识课系列教材

教育部产学合作协同育人项目成果

大学计算机实践指导
（WPS Office）

主　编　曹岳辉　刘卫国

副主编　邓　华　吕格莉

中国教育出版传媒集团

高等教育出版社·北京

内容简介

本书是与《大学计算机（WPS Office）》（刘卫国主编，高等教育出版社出版）配套使用的教学参考书，分为实验篇、实训篇、练习篇和学习篇。实验篇围绕课程教学设置了 12 个实验，内容丰富，具有启发性和实用性，可帮助读者加深对理论知识的理解，提高操作应用与问题求解能力；实训篇包括 5 个 WPS Office 综合实训，帮助读者提高综合操作能力；练习篇编写了丰富的练习题并给出参考答案，帮助读者复习和巩固课程内容；学习篇包括操作系统应用与提高、Python 程序设计进阶，可以满足读者进一步学习的需要。

本书内容实用，重视操作能力和综合应用能力培养，可以作为高等学校"大学计算机"课程的教学实践用书，也可供专业技术人员参考阅读。

图书在版编目（CIP）数据

大学计算机实践指导 ：WPS Office / 曹岳辉，刘卫国主编. -- 北京 ：高等教育出版社，2024. 7. -- ISBN 978-7-04-062386-4

Ⅰ. TP3

中国国家版本馆CIP数据核字第2024FX8656号

Daxue Jisuanji Shijian Zhidao（WPS Office）

| 策划编辑 | 唐德凯 | 责任编辑 | 唐德凯 | 封面设计 | 李小璐 | 版式设计 | 童 丹 |
| 责任绘图 | 尹文军 | 责任校对 | 吕红颖 | 责任印制 | 张益豪 | | |

出版发行	高等教育出版社	网 址	http://www.hep.edu.cn
社 址	北京市西城区德外大街 4 号		http://www.hep.com.cn
邮政编码	100120	网上订购	http://www.hepmall.com.cn
印 刷	北京鑫海金澳胶印有限公司		http://www.hepmall.com
开 本	787 mm×1092 mm 1/16		http://www.hepmall.cn
印 张	11.5		
字 数	260千字	版 次	2024 年 7 月第 1 版
购书热线	010-58581118	印 次	2024 年 7 月第 1 次印刷
咨询电话	400-810-0598	定 价	26.00 元

本书如有缺页、倒页、脱页等质量问题，请到所购图书销售部门联系调换

版权所有 侵权必究

物 料 号 62386-00

前　言

　　"大学计算机"是高等学校一门非常重要的计算机公共基础课程,也是学习其他计算机课程的先导课程。该课程展示计算机科学的概貌,构建持续学习和应用计算机的知识框架和能力基础,使学生能够在自己的专业领域中有意识地借鉴、引入计算机科学中的原理、技术和方法,能够在一个较高的层次上应用计算机、分析并处理应用中出现的问题。作为大学新生的入门课程,上机实践也是很重要的环节。

　　本书是与《大学计算机(WPS Office)》(刘卫国主编,高等教育出版社出版)(以下简称主教材)配套使用的教学参考书,并根据主教材的内容体系进行组织与编排。全书分为实验篇、实训篇、练习篇和学习篇。

　　实验篇与主教材的内容体系相对应,设置了 12 个实验,帮助读者加深对理论知识的理解,提高操作应用与问题求解能力。实验设计做到循序渐进、由浅入深,每个实验都有具体的目标要求,读者通过上机操作,能够更好地理解利用计算机进行问题求解的方法。每个实验既有操作引导,又有问题思考,帮助学生举一反三,拓展思路,培养创新思维能力。

　　实训篇包括 5 个 WPS Office 综合实训,每个实训项目都具有一定应用背景,给出了操作步骤和提示,可以帮助读者提高综合应用能力。

　　练习篇以课程学习为线索,编写了丰富的习题并给出了参考答案,旨在帮助读者通过习题练习,复习和掌握课程内容,进一步理解基本概念,掌握基础知识。考虑到习题的多样性,读者在做这些习题时,应重点理解和掌握与题目相关的知识点,而不要死记答案,应在阅读教材的基础上来做题,通过做题达到强化、巩固和提高的目的。

　　学习篇是主教材相关章节的补充与提高,满足读者进一步学习的需要。例如:主教材第 4 章介绍操作系统的概念及资源管理,本篇第 1 章则重点介绍 Windows 的应用和操作技巧;本篇第 2 章是主教材第 9 章中"基于 Python 的程序实现"的延伸。

　　本书由曹岳辉、刘卫国任主编,邓华、吕格莉任副主编,参加编写的人员有严晖、刘丽敏、何小贤、康松林等。本书在编写过程中,得到了中南大学计算机基础教学中心全体教师的大力支持和协助,金山办公软件公司为我们提供了丰富的资源和技术支持,在此向他们一并表示诚挚的感谢!

　　由于编者水平有限,书中难免存在不足之处,恳请广大读者批评指正。作者邮箱:279516722@qq.com。

编　者

2024 年 4 月于中南大学

目　　录

实　验　篇

实　训　篇

练　习　篇

学 习 篇

实　验　篇

实验 1　Windows 文件管理

1. 实验目的

(1) 掌握文件资源管理器的启动及其窗口的组成。

(2) 熟练掌握文件和文件夹的常用操作方法。

2. 实验内容和步骤

(1) 启动文件资源管理器

分别使用如下两种方法打开文件资源管理器,并观察"文件资源管理器"窗口的组成。

① 单击"开始"→"Windows 系统"→"文件资源管理器"命令。

② 右击"开始"按钮,在弹出的快捷菜单中选择"文件资源管理器"命令。

(2) 认识"文件资源管理器"窗口

在 Windows 10 系统中,文件资源管理器的默认打开页面有"快速访问"和"此电脑"两种方式。在"文件资源管理器"窗口的"查看"选项卡中单击"选项"按钮,在"文件夹选项"对话框的"常规"选项卡中设置"打开文件资源管理器时打开"为"快速访问"或"此电脑",单击"应用"和"确定"按钮保存设置。

在"快速访问"方式下,依次操作"主页""共享""查看"选项卡,图实 1–1 是"查看"选项卡的功能区按钮。

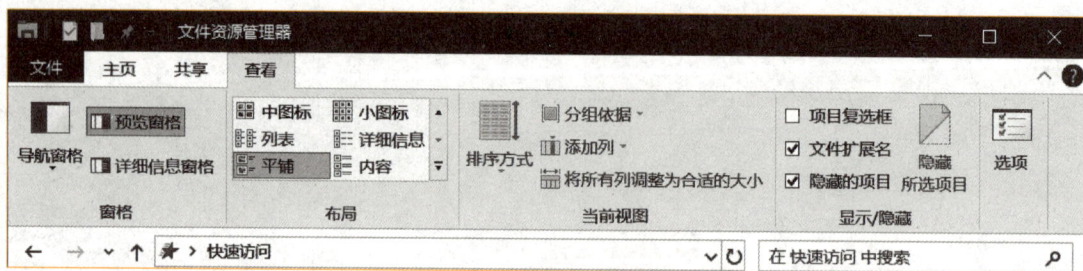

图实 1–1　"查看"选项卡的功能区按钮

（3）选择文件和文件夹

① 在"文件资源管理器"窗口通过双击打开 C:\Windows 文件夹。

② 同时选择 C:\Windows 文件夹中的 Web 子文件夹和 explorer.exe 文件。

提示：要选择多个连续的文件或文件夹，先单击第一个项目，按住 Shift 键，然后单击最后一个项目；要选择多个不连续的文件或文件夹，需按住 Ctrl 键，再单击每个项目；要选择窗口中的所有文件和文件夹，在"主页"选项卡中单击"全部选定"按钮，或按 Ctrl + A 键。

（4）查看、设置文件和文件夹的属性

① 查看 C:\Program Files（x86）文件夹的常规属性，并填入下列横线中。

位置_____、大小_____、占用空间_____、包含文件夹数_____、创建时间_____、隐藏_____、只读_____。

② 设置 C:\ Program Files（x86）\Internet Explorer 文件夹下的任一个文件的属性为"隐藏"，观察效果。

提示：选择要更改属性的文件或文件夹。执行"主页"→"属性"命令（或选择快捷菜单中的"属性"命令），打开"属性"对话框即可进行属性查看与设置。

（5）设置文件和文件夹的显示方式

① 在文件资源管理器中执行"查看"选项卡中相应的命令，分别选用超大图标、大图标、中等图标、小图标、列表、详细信息、平铺、内容等方式显示文件和文件夹。

② 在文件资源管理器中执行"查看"→"排序方式"中相应的命令，分别按名称、大小、类型、修改日期、递增、递减方式显示文件和文件夹。

③ 在文件资源管理器中显示原来属性为系统隐藏的文件和文件夹。

提示：在文件资源管理器中单击"文件"→"选项"命令，打开"文件夹选项"对话框，或在"查看"选项卡中单击"选项"按钮，也可打开"文件夹选项"对话框进行设置。

④ 在文件资源管理器中设置显示文件和文件夹的扩展名。

提示：操作与③类似，在"文件夹选项"对话框中取消隐藏已知文件类型的扩展名的选择即可。

（6）在 D 盘上创建新文件夹与文件

要求新建文件夹及文件结构如图实 1–2 所示。

操作方法：打开"文件资源管理器"窗口，在左窗格中选定 D 盘，在"主页"选项卡中单击"新建文件夹"按钮，右窗格中出现默认名字为"新建文件夹"的文件夹图标，在名字框中输入新的文件夹名称 firstdir，然后按 Enter 键确认，便在 D:\ 下建立了一个名字为 firstdir 的一级子文件夹。

图实 1–2　新建文件夹及文件结构

在文件资源管理器右窗格中双击新建的子文件夹 firstdir，地址栏中显示的当前文件夹的内容变为 D:\firstdir，用同样的方法在 firstdir 下建立两个子文件夹 subseconddir1 和 subseconddir2。

确认当前文件夹为 D:\firstdir，右击文件资源管理器右窗格的任意空白处，在弹出的快捷菜单中选择"新建"→"文本文档"命令，窗口中出现默认名字为"新建文本文档 .txt"的图标，在

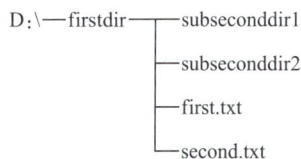

名字框中输入新的文件名称 first.txt,然后按 Enter 键确认,便在 D:\firstdir 下建立了一个名字为 first.txt 的文本文件。用同样的方法建立另一个文本文件 second.txt。

(7) 文件或文件夹的更名、复制、移动或删除

① 将子文件夹 firstdir 中的文件 first.txt 重命名为 third.htm。右击 first.txt 文件图标,在弹出的快捷菜单中选择"重命名"命令,first.txt 文件的名字框中的名字成为编辑状态,输入新的名字 third.htm,按 Enter 键确认,将文件 first.txt 更名为 third.htm。

② 将子文件夹 firstdir 中的文件 second.txt 复制到子文件夹 subseconddir1 中。

方法一:利用鼠标的拖动操作。选中 D:\firstdir\second.txt 文件,按住 Ctrl 键,用鼠标拖动将其直接放到 D:\firstdir\subseconddir1 图标上,然后释放鼠标和 Ctrl 键。

方法二:右击 second.txt 文件图标,在弹出的快捷菜单中选择"复制"命令,将文件复制到剪贴板,然后双击 subseconddir1 子文件夹图标,使地址栏中显示的内容为 D:\firstdir\subseconddir1,右击右窗格任意空白处,在弹出的快捷菜单中选择"粘贴"命令,便将剪贴板中的文件复制到了 D:\firstdir\subseconddir1 文件夹,原文件夹下的 second.txt 文件仍然存在。

③ 将子文件夹 firstdir 中的文件 third.htm 移动到子文件夹 subseconddir2 中。

方法一:用鼠标拖动操作。将 D:\firstdir\third.htm 文件移动到 D:\firstdir\subseconddir2 文件夹下。

方法二:单击工具栏中的"向上"按钮,使地址栏中显示的内容为 D:\firstdir,右击 third.thm 文件图标,在弹出的快捷菜单中选择"剪切"命令,然后双击 subseconddir2 文件夹图标,地址栏中显示的内容变为 D:\firstdir\subseconddir2,右击右窗格任意空白处,在弹出的快捷菜单中选择"粘贴"命令,便将文件 third.htm 移动到了 D:\firstdir\subseconddir2 文件夹,原来 D:\firstdir 下的文件 third.htm 不存在了。

④ 删除子文件夹 firstdir 中的文件 second.txt。单击工具栏中的"向上"按钮,使地址栏中显示的内容为 D:\firstdir,右击 second.txt 文件图标,在弹出的快捷菜单中选择"删除"命令,弹出一个对话框询问用户"确实要把 second.txt 放入回收站吗?"单击"是"按钮,将文件 second.txt 逻辑删除,移入回收站。如果想取消删除操作,则单击"否"按钮。双击桌面上的"回收站"图标,打开"回收站"窗口,右击其中的 second.txt 文件图标,在弹出的快捷菜单中选择"还原"命令,可以将删除的 second.txt 文件恢复到原位置;选择"删除"命令,确定后则可以将 second.txt 文件物理删除。最后关闭"回收站"窗口。

(8) 更改文件或文件夹属性

将子文件夹 subseconddir1 中的文件 second.txt 设置为"只读"属性。在文件资源管理器左窗格选定 D:\firstdir\subseconddir1 文件夹,右击 second.txt 文件图标,在弹出的快捷菜单中选择"属性"命令,在弹出的"second.txt 属性"对话框中,选中"只读"属性,单击"确定"按钮。

(9) 搜索文件或文件夹

① 查找 C 盘上扩展名为 .txt 的文件或文件夹。

先在文件资源管理器地址栏中选中 C 盘,或输入 C:并按 Enter 键,再在搜索框中输入 *.txt,

系统会开始搜索 C 盘上所有扩展名为 .txt 的文件及名称包括 .txt 的文件夹。

②查找主名中含有"win"的文件或文件夹。

用"*win*.*"构成要查找的文件和文件夹名。比较一下采用"*win.*"或"win*.*"的搜索结果有什么不同。

③查找本周内修改的 E 盘文件。

打开"文件资源管理器",选中 E 盘,在搜索栏中单击放大镜🔍,在"搜索"上下文选项卡中单击"修改日期"下拉按钮,在下拉列表中选择相关命令即可(在这里选择"本周"命令)。

④查找 E 盘文件内容包含"Windows"、大小至多 16 KB 的文本文件。

打开"文件资源管理器",选中 E 盘,在搜索栏中单击放大镜🔍,在"搜索"上下文选项卡中单击"高级选项"下拉按钮,在下拉列表中选中"文件内容"命令,在搜索栏中输入"Windows"即按内容查找;然后单击"大小"下拉按钮来筛选文件大小,选择"极小(0–16 KB)"大小范围;最后输入 *.txt 筛选出文本文件。

3. 实验思考

(1) 在"此电脑"窗口完成上述所有文件(夹)操作,比较"此电脑"窗口与文件资源管理器"快速访问"窗口的差别。

(2) 在桌面上创建一个名为"我的文档"的新文件夹。

(3) 在"我的文档"文件夹中创建一个名为"工作"的子文件夹,并在其中新建一个文本文件,命名为"待办事项 .txt"。

(4) 将"待办事项 .txt"文件复制到桌面上的"我的文档"文件夹中。

实验 2 WPS 文字文档编辑与排版

1. 实验目的

(1) 熟悉 WPS 文字编辑窗口的组成要素。

(2) 掌握 WPS 文字文档的创建和编辑操作。

(3) 掌握 WPS 文字的各种格式编排。

2. 实验内容和步骤

(1) 新建文档

① 启动 WPS Office 系统,单击"新建"按钮,在"新建"窗口的"Office 文档"区域单击"文字"按钮,创建一个空白文档,并在文档中输入以下内容。

科技英语中专业术语的翻译

1. 意译:根据科技术语的含义,将英语名词翻译成汉语里和它含义对等的名词就叫意译。对单个词语来说,意译也就是直译。意译法是最常用的翻译方法,它能使读者直接了解术语的含义。例如:

① firewall:防火墙

② data mining:数据挖掘

③ automatic program control:自动程序控制

2. 音译:根据英语的发音翻译成汉语里相应的词。科技英语中某些由专有名词构成的术语、单位名称、新型材料的名称等,在翻译时都可采用音译法。例如:

• gene 基因;quark 夸克;Pentium 奔腾

• celluloid 赛璐珞;nylon 尼龙

• Hertz(Hz) 赫兹(频率单位);lumen 流明(光通量单位)

3. 形译:英语中有些科技术语的前半部分是表示该术语形象的字母或单词,翻译成汉语时可把这一部分翻译成表示具体形象的词,或保留原来的字母,这就叫形译。例如:

I-bar 工字钢、工字条;O-ring 环形圈;twist-drill 麻花钻;X-ray X 光;α-brass α 黄铜[1]

4. 缩写词:英语首字母缩写词在科技新词中占有很大比重,这类词如译成汉语,就显得拖沓冗长,因此很多情况下干脆不翻译。例如:

☺ CPU:Central Processing Unit(中央处理器)

☺ ASCII:American Standard Code for Information Interchange(美国信息交换标准码)

☺ ATM:Asynchronous Transfer Mode(异步传输模式)

一些国际组织的缩写也常采用这种方法。例如:

WTO(世界贸易组织);UNESCO(联合国教科文组织);WHO(世界卫生组织);IOC(国际奥委会)

注[1]:指含锌量≤35% 的铜锌合金。

② 选择“文件”→“保存”命令或单击快速访问工具栏中的“保存”按钮,即弹出“另存为”对话框,将其保存到 D 盘 firstdir 文件夹中,命名为“姓名学号 _1.docx”。

③ 选择“文件”→“退出”命令退出该文档。

(2) 文档的项目符号

选中相应内容,在“开始”选项卡中单击“项目符号”按钮,在弹出的“项目符号”对话框中选择所需的项目符号,单击“确定”按钮。

(3) 将“1. 意译”与“2. 音译”内容互换位置

选中第 1 点的全部内容,利用“开始”选项卡中的“剪切”按钮(或按 Ctrl + X 键)和“粘贴”按钮(或按 Ctrl + V 键),将其复制到第 2 点后面,并修改序号。

(4) 将文本中的“例如”改为“例子如下”

① 在“开始”选项卡中单击“查找替换”按钮,打开“查找和替换”对话框,并选择“替换”选项卡。

② 在“查找和替换”对话框的“查找内容”文本框中输入“例如”,在“替换为”文本框中输入“例子如下”。

③ 单击“替换”按钮可以逐个查找并替换字符,直到文本末尾结束。单击“全部替换”按钮可以一次查找全文并替换所有字符的格式。

④ 选择“文件”→“另存为”命令,将其保存到 D 磁盘 firstdir 文件夹中,命名为“姓名学号 _2.docx”。最后,关闭文档窗口。

(5) 文档的字符格式化

① 打开已保存的“姓名学号 _1.docx”文档,选中文档标题。

② 在“开始”选项卡中单击“字体”对话框启动器按钮 ↘,在“字体”对话框中设置字体为黑体,字形加粗,字号为初号,颜色红色,下面加着重号,设置“文本效果”中的阴影效果。

③ 将正文第一段文字选中,在"字体"对话框中设置楷体、四号、颜色为蓝色,再选择"字符间距"选项卡,将"间距"设置为 1.5 磅。其余各段设置为宋体,小四号。

(6) 文档的段落格式化

① 选中文档标题,在"开始"选项卡中单击"段落"对话框启动器按钮↘,在"段落"对话框中设置段前一行、段后一行间距,对齐方式为居中对齐。

② 选中第 1 自然段,单击"开始"选项卡中的"边框"下拉按钮▦ ∨,在下拉列表中选择"边框和底纹"命令,打开"边框和底纹"对话框,选择其中的"底纹"选项卡,将"填充"色设为"黄色", "应用于"设为"段落";选择其中的"边框"选项卡,选择 1 磅黑色线型;选择其中的"页面边框"选项卡,选择 1 磅绿色线型,然后单击"确定"按钮。

③ 选中第 2 自然段,在"段落"对话框中设置文本之前和文本之后缩进各 3 个字符,1.5 倍行距,然后单击"确定"按钮。

④ 将正文除第 1 自然段外其他段的首行缩进设为两个汉字的位置、1.5 倍行距、对齐方式为两端对齐。

(7) 文档的分栏和首字下沉

① 选中第 1 自然段,在"页面"选项卡中单击"分栏"按钮,在"分栏"对话框中设置分两栏、加分隔线,然后单击"确定"按钮。

② 将文本插入点移至最后一个自然段第一个字符,在"插入"选项卡中单击"首字下沉"按钮,在"首字下沉"对话框中设置下沉 3 行,然后单击"确定"按钮。

(8) 文档的页眉和页脚

在"插入"选项卡中单击"页眉和页脚"按钮,使插入点出现在页眉中,输入文本"科技英语中专业术语的翻译",在"开始"选项卡中单击"居中对齐"按钮使其居中。将插入点定位到页脚中,在"页码"对话框中选取样式"第 1 页共 × 页"为页脚插入页码。位置为"右侧",在文档空白处双击,完成页码的设置。

完成以上操作后,将文档另存为"姓名学号 _3.docx"。

3. 实验思考

(1) 文档的存盘(Save)和文档另存为(Save As)操作有何区别?

(2) 在编辑文本时,有时输入的新内容将插入点处原有内容覆盖了,出现这种现象的原因是什么? 应该如何正确操作?

(3) 使用标尺可以快速进行文档排版,但有时没有显示出来,这时应如何操作?

(4) 什么叫段落? 有时需要文本另起一行,但又不想开始一个新的段落,如何操作?

(5) 输入并编排如下文档。

① 标题字体为隶书三号字、红色。

② 正文字体为宋体五号字。

③ 最后一句中"方石英强化瓷的市场前景非常广阔"的文字设置为:倾斜、加蓝色双下划线。

④ 为整篇文档设置任意底纹,设置页面边框为方框。

⑤ 设置文档的页边距为上、下各为 3 厘米,左、右各为 2 厘米,纸型为 A4,并预览排版效果。

方石英强化瓷的特点

　　强化瓷因其机械性能好、釉面硬度高、抗热震性能好等优点而适合于机械洗涤、高温消毒、电冰箱低温储存食物及微波炉快速加热等现代化饮食业的要求。因此,强化瓷是国内外日用瓷发展的重要方向之一。

　　强化瓷的强化机制为强化相强化,如 $\alpha-Al_2O_3$ 瓷就属于这一种。这种瓷的 Al_2O_3 粉成本高,瓷透明度差,但它的烧成范围宽,生产容易控制。

　　舒尔兹预应力学说已经证实,$\alpha-$方石英可增加瓷坯强度。当瓷件冷却时,由于方石英与玻璃相间有较大收缩差,使玻璃相产生压缩应力,从而阻止玻璃相中微裂纹的发展,并且能抵消部分外加于瓷件中的张力负载,总的效应是显著提高瓷件的抗折或抗张强度。

　　大家知道,石英是日用瓷三大组分之一,且原料充足,价格低廉。所以*方石英强化瓷的市场前景非常广阔*。

实验 3　WPS 文字图文编排

1. 实验目的

(1) 掌握艺术字的设置方法。
(2) 掌握形状、图形的插入方式。
(3) 掌握图文混排的操作方法。
(4) 掌握文本框的设置方法。

2. 实验内容和步骤

(1) 新建 WPS 文档

新建一个 WPS 文档,输入以下内容,并将正文所有段落设置为首行缩进 2 个字符、单倍行距,段后间距设置为 0.5 行。

什么是人工智能

在计算机出现之前人们就幻想着一种机器可以模拟人类的思维,可以帮助人们解决问题,甚至比人类有更高的智能。随着 20 世纪 40 年代计算机的发明,这几十年来计算速度飞速提高,其应用也从最初的科学计算演变到了现代的各领域,诸如数据库应用、多媒体应用、计算机辅助设计、自动控制等。人工智能是计算机科学的一个研究分支,是多年来计算机科学研究发展的结晶。

人工智能是一门基于计算机科学、生物学、心理学、神经科学、数学和哲学等学科的科学和技术。人工智能的一个主要推动力是开发与人类智能相关的计算机功能,例如推理、学习和解决问题的能力。

科学家认为,人工智能就是制造智能的机器,更特指制作人工智能的程序。人工智能模仿人类的思考方式使计算机能智能地思考问题,人工智能通过研究人类大脑的思考、学习和工作方式,然后将研究结果作为开发智能软件和系统的基础。

（2）插入艺术字

选中标题"什么是人工智能"，在"开始"选项卡中单击"文字效果"按钮 A ，在下拉菜单中选择"艺术字"命令，或在"插入"选项卡中单击"艺术字"按钮，在弹出的对话框中选中"艺术字预设"中的第一行第三列，将标题转换成艺术字，字体为微软雅黑、36 号，居中。

（3）插入形状

① 在"插入"选项卡中单击"形状"下拉按钮，打开形状列表，单击列表中的"基本形状"→"笑脸"，鼠标指针变为"+"形状，在文档中单击，或拖动鼠标至合适位置，释放鼠标左键，即完成图形的绘制。

② 选中图形，按住鼠标左键拖动图形到第一段文字右侧，在"绘图工具"上下文选项卡中单击"环绕"下拉按钮，单击下拉列表中的"四周型环绕"命令。

（4）插入图片

① 在"插入"选项卡中单击"图片"按钮，WPS 文字自动打开插入图片的对话框。

② 单击任意一个图片，单击"打开"按钮，可将该图片插入到文档中。

③ 选定图形，单击"图片工具"上下文选项卡，单击"环绕"下拉按钮，单击下拉列表中的"四周型环绕"命令。

④ 选定图形，单击"图片工具"上下文选项卡，单击"大小和位置"组中右下角的对话框启动器按钮，在打开的"布局"对话框中进行设置。

⑤ 在"大小"选项卡下，把取消选中"锁定纵横比"复选框，在"宽度"和"高度"后分别输入 2 厘米和 3 厘米，单击"确定"按钮。

⑥ 按住鼠标左键拖动图形到第 2 段文字中间。

（5）插入文本框

定位插入点在文档最后。在"插入"选项卡中单击"文本框"下拉按钮，单击列表中的"横向"命令，在文档最后单击鼠标，将文档第 3 段内容赋值到文本框中。

（6）添加文字水印

在"页面"选项卡中单击"水印"按钮，单击"插入水印"命令，弹出"水印"对话框。勾选"文字水印"，内容设置为"人工智能"、微软雅黑、标准色红色，版式为"倾斜"，其他保持默认设置。

完成上述操作后，保存文档。

3. 实验思考

（1）设置图片的大小时，如何分别设置高度和宽度？

（2）图形与周边文字混排的方式有哪几种？如何设置？

（3）文本框有何作用？如何设置其大小？

实验 4　WPS 文字表格与公式编排

1. 实验目的

(1) 掌握表格的插入与编辑方法。
(2) 掌握文本与表格之间的转换方法。
(3) 掌握公式的编排方法。

2. 实验内容和步骤

(1) 创建表格
① 新建一个 WPS 文字文档,将光标移至要插入表格的位置。
② 创建如图实 4-1 所示的课程表。单击"插入"选项卡中的"表格"下拉按钮,在弹出的下拉列表中选择"插入表格"命令,打开"插入表格"对话框,在"行数""列数"文本框中分别输入

时间　　　星期		星期一	星期二	星期三	星期四	星期五
上午	1					
	2					
	3					
	4					
午　休						
下午	5					
	6					
	7					
	8					

图实 4-1　课程表

表格的行数为 6、列数为 7,单击"确定"按钮。

(2) 设置表格属性

右击表格,在弹出的快捷菜单中选择"表格属性"命令,打开"表格属性"对话框,在其中完成以下操作。

① 改变行高或列宽:单击"行"选项卡,设置"指定高度"为 1.5 厘米,并选择"行高值是"为"固定值";单击"列"选项卡,设置"指定列宽"为 1.8 厘米,单击"确定"按钮。

② 表格在页面中的位置设置:单击"表格"选项卡,选中"居中"对齐方式,单击"确定"按钮。

③ 表格边框和底纹的设置:选中表格需要加边框的单元格,在"表格样式"上下文选项卡中,单击"边框"右侧的下拉按钮,在弹出的下拉列表中选择相应的命令,即可直接进行简单的增减框线的操作。选定第 4 行,在"表格样式"上下文选项卡中,单击"底纹"下拉按钮,在弹出的下拉列表中选择"标准色"的"黄色"命令。

(3) 合并或拆分单元格

① 选中第 2 行第 2 列单元格,然后右击,在弹出的快捷菜单中选择"拆分单元格"命令,打开"拆分单元格"对话框,选择行数为 2,列数为 1,然后单击"确定"按钮。同样方法,把第 3 行第 2 列、第 5 行第 2 列和第 6 行第 2 列都拆分为 2 行 1 列。

② 选中第 1 行的第 1、2 列,然后右击,在弹出的快捷菜单中选择"合并单元格"命令。用同样方法,把第 1 列的第 2、3 行单元格,第 1 列的第 5、6 行单元格,第 4 行的所有单元格,分别合并单元格。

(4) 设置单元格中文本对齐方式

按图实 4-1 输入文字,选定除了左上角的单元格外的所有单元格,在"表格工具"上下文选项卡中,单击"水平居中"按钮三。

(5) 文本转换成表格

① 在上述表格下空一行,输入如下文本:

学号	姓名	语文	数学	英语
070103	张一	91	99	75
070102	张二	78	90	86
070101	张三	76	88	85
070104	李四	83	81	78

注意:输入数据时,同一行各单元格中的数据用空格分隔。

② 选定上述文本,在"插入"选项卡中单击"表格"下拉按钮,在弹出的下拉列表中选择"文本转换成表格"命令,打开"将文字转换成表格"对话框,在该对话框中设置"行数"为 5、"列数"为 5,"文字分隔位置"为"空格",单击"确定"按钮完成转换。

(6) 设置表格样式

选定表格,在"表格样式"上下文选项卡中单击"表格样式"下拉按钮▼,打开"表格样式"对话框,在其中选择表格样式。

(7) 表格中的数据排序

将光标置于表格任意单元格中。在"表格工具"上下文选项卡中,单击"排序"按钮,打开"排序"对话框,单击"列表"下的"有标题行",选择"主要关键字"为"数学",排序类型为"数字",排序方式为"降序",单击"确定"按钮完成排序。

(8) 插入、删除行或列

① 将光标放在最后一行,右击,在弹出的快捷菜单中单击"插入"→"在下方插入行"命令,在插入行的第一列,输入"平均分";将光标放在最后 1 列,右击,在弹出的快捷菜单中单击"插入"→"在右侧插入列"命令,在插入列的第 1 行输入"总分"。

② 选定第 3 行,右击,在弹出的快捷菜单中单击"删除行"命令,即可删除表格中的第 3 行。

(9) 表格中数据的计算

① 将插入点定位到"总分"列的第 2 行单元格。在"表格工具"上下文选项卡中单击"公式"按钮,打开"公式"对话框,此时,在"公式"文本框中自动出现计算公式"= SUM(LEFT)",把公式改为"= SUM(c2:e2)",单击"确定"按钮,则在当前单元格中插入计算结果。用同样方法可以计算其他行的总分。

② 将插入点定位到"平均分"行的第 3 列单元格。在"表格工具"上下文选项卡中单击"公式"按钮,打开"公式"对话框,在"公式"文本框中输入"= AVERAGE(ABOVE)",在"数字格式"中选择"0.00",单击"确定"按钮,则在当前单元格中插入计算结果。将第一个平均分复制到其他 3 个空白单元格,再次选择这 3 个单元格,按功能键 F9 更新域,系统可自动计算其他列的平均分。

(10) 插入公式

在上述表格的后面空一行,在"插入"选项卡中单击"公式"按钮,进入"在此键入公式"编辑框,根据公式的需求,在"公式工具"上下文选项卡中寻找相同的版式,建立如下公式:

$$\begin{cases} x = e^{-t/20}\cos t \\ y = e^{-t/20}\sin t, \quad 0 \leqslant t \leqslant 2\pi \\ z = t \end{cases}$$

(11) 保存文件

单击"文件"→"另存为"命令,在"另存文件"对话框中,选择保存位置为 D 盘,文件名为"表格 .docx",单击"保存"按钮。

3. 实验思考

(1) 制作图实 4-2 所示的表格。

(2) 编排下列数学公式:

$$\gamma = \frac{5\sin^2 \varphi}{\cos \varphi}, \quad -\frac{\pi}{3} \leqslant \varphi \leqslant \frac{\pi}{3}$$

学号	2023012119	姓名	王大力	照片
所在学院及班级	计算机学院计算机2班			
奖励情况	第一学年获得特等奖学金			

图实 4-2　表格制作

实验5　WPS 表格的编辑与操作

1. 实验目的

(1) 掌握 WPS 表格工作表的创建及基本操作。

(2) 掌握在 WPS 表格工作表中数据的输入方法。

(3) 掌握公式的使用方法。

2. 实验内容和步骤

(1) 新建工作簿

启动 WPS Office 系统，单击"新建"按钮，在"新建"窗口的"Office 文档"区域单击"表格"按钮，创建 WPS 表格空白文档"工作簿1"，在工作表 Sheet1 中输入如图实 5-1 所示的成绩统计表。

	A	B	C	D	E	F	G
1	计算机2401班期末成绩统计表						
2	姓名	高等数学	大学物理	大学英语	计算机导论	程序设计	总分
3	王LL	90	88	67	45	89	
4	谢MH	89	66	76	77	67	
5	张XC	68	57	78	88	57	
6	刘L	55	97	45	65	56	
7	刘YY	74	45	87	78	35	
8	李XM	34	66	56	99	75	
9	严HH	66	77	77	63	86	
10	宋XY	77	83	90	79	76	
11	单科平均分						

图实 5-1　成绩统计表

(2) 公式的使用

① 把光标移动到 G3 单元格，然后在编辑栏中输入公式"=SUM(B3:F3)"，按 Enter 键后，计算结果会自动填入 G3 单元格。

② 把鼠标放在 G3 单元格的右下角,当鼠标光标变成十字状时,按住鼠标左键向下拖曳,可利用 WPS 表格的自动填充功能计算出这一列中的所有总分。

③ 把光标移动到 B11 单元格,然后在编辑栏中输入公式"=AVERAGE(B3:B10)",按 Enter 键后,计算结果会自动填入 B11 单元格。

④ 把鼠标放在 B11 单元格的右下角,当鼠标光标变成十字状时,按住鼠标左键向右拖曳,可利用 WPS 表格的自动填充功能计算出这一行中的所有平均分。

(3) 工作表的操作

① 插入工作表。单击工作表标签栏最右边的"新建工作表"按钮➕,则在最后新添加了一个工作表,系统默认命名为 Sheet2。重复两次该操作,插入另外两个新工作表,默认命名为 Sheet3、Sheet4。

② 重命名工作表。右击 Sheet1 工作表标签,在弹出的快捷菜单中单击"重命名"命令,此时 Sheet1 标签处于编辑状态,在此状态下输入"学生成绩表",完成重命名。将 Sheet2、Sheet3 分别改名为"课程表""工资表"。

③ 移动工作表。选中要移动的工作表"课程表",右击"课程表"工作表标签,在弹出的快捷菜单中单击"移动"命令,打开"移动或复制工作表"对话框。在对话框中选择移动后的插入位置"工资表",单击"确定"按钮,完成移动。此时工作表已重新排序。

④ 复制工作表。选中要复制的工作表"学生成绩表",右击"学生成绩表"工作表标签,在弹出的快捷菜单中单击"移动"命令,打开"移动或复制工作表"对话框。在对话框中选择移动后的插入位置"移至最后",同时选中"建立副本"复选框。单击"确定"按钮。此时完成工作表"学生成绩表"的复制操作,并放在了最后。

⑤ 删除工作表。单击工作表标签 Sheet4,使该工作表成为当前工作表。此时该工作表名反白显示,右击 Sheet4 工作表标签,在弹出的快捷菜单中单击"删除工作表"命令,则该工作表被删除。

(4) 保存工作簿

单击"文件"→"保存"命令,弹出"另存为"对话框,在对话框中选择保存地址 D 盘,输入文件名"成绩统计表.xlsx",单击"保存"按钮。最后单击 WPS 窗口右上角的关闭按钮退出 WPS Office。

3. 实验思考

(1) 试比较 WPS 表格的编辑修改操作与 WPS 文字的编辑修改操作。

(2) WPS 文字的制表功能和 WPS 表格的表格功能有何区别?

(3) 在 WPS 表格中使用公式时,单元格的引用有绝对地址引用和相对地址引用,它们的区别是什么?

(4) 建立图实 5-2 所示的资金预算工作表,利用公式计算收入合计、支出合计和节余。利用 IF 函数,当节余为正时,在"备注"列填上"赢利",否则填上"亏损"。

A2		✓		⊝	fx	编号			

	A	B	C	D	E	F	G	H	I
1	华泰信息有限公司资金预算表								
2	编号	日期	收入		支出			结余/万元	备注
3			来源	金额/万元	用途	类别	金额/万元		
4	202413001	2024/1/18	产品销售	123	工资	管理费用	150		
5	202415022	2024/3/9	设备租赁	46	差旅费	管理费用	24		
6	202413013	2024/4/23	劳务输出	5	水电费	管理费用	2.5		
7	202413024	2024/2/1	技术咨询	8	房租费	管理费用	4		
8	202416035	2024/3/25	产品销售	23	广告费	营业费用	30		
9	202413026	2024/3/26	业务培训	12	网络费	管理费用	2		
10	202423047	2024/3/14	连锁加盟	56	其他	管理费用	13		
11	收入合计				支出合计				

资金预算工作表   Sheet2   +

图实 5-2   资金预算工作表

实验 6　WPS 表格图表与数据分析

1. 实验目的

(1) 掌握 WPS 表格图表的创建及基本操作。

(2) 掌握 WPS 表格的数据分析方法。

2. 实验内容和步骤

(1) 绘制图表

① 打开实验 5 保存的文件"成绩统计表 .xlsx",选定"姓名"和"平均成绩"两列数据,即选中 A3:A10 单元格区域和 G3:G10 单元格区域的数据。

② 在"插入"选项卡中单击"插入柱形图"功能区的下拉按钮,在打开的"簇状柱形图"对话框中单击"更多",选择"簇状"选项卡,"付费类型"选择"免费"选项。在出现的柱形图样例中选择一个,将图表标题改为"学生成绩总分表",生成柱形图。

③ 把图表移动到表格下方。

(2) 数据排序

① 单击"学生成绩表"中所需排序的任一单元格。

② 在"数据"选项卡中单击"排序"的下拉按钮,选择"自定义排序"命令,打开"排序"对话框。

③ 单击"添加条件"按钮,新出现"次要关键字"列,在"主要关键字""次要关键字"下拉列表框中选择排序时所需的关键字,然后选择是"升序"排序还是"降序"排序,单击"确定"按钮,完成操作。

(3) 自动筛选

① 单击工作表中的任意一个单元格,在"数据"选项卡中单击"筛选"按钮,此时在工作表中每一个字段名旁边出现下拉按钮。

② 单击下拉按钮,弹出筛选的下拉列表,单击"数字筛选"按钮,在弹出的菜单中进行数字筛选,例如"等于""不等于""大于""小于""介于"等。也可以单击"自定义筛选"命令,在弹出

的"自定义自动筛选方式"对话框中进行多个条件的设置。

(4) 分类汇总

① 对需要进行分类汇总的数据进行排序。这里按照"姓名"降序排序。

② 单击数据清单中的任意一个单元格,打开"数据"选项卡,单击"分类汇总"命令,打开"分类汇总"对话框,根据需要设置"分类字段""汇总方式"等选项,单击"确定"按钮,完成操作。

(5) 存盘

操作完成后,保存所做修改,退出 WPS。

3. 实验思考

(1) 给"学生成绩表"增加"性别"字段,然后根据性别对"总分"进行分类汇总。

(2) 建立图表后,如果原数据表的内容发生变化,图表是否变化? 试通过上机验证。

(3) 建立图实 6-1 所示的职工工资工作表。

职工工资表

工号	姓名	基本工资	用电度数	加班时数	实发工资
E1209001	张XC	3500	45	45	
E1209002	严HH	3000	32	31	
E1209003	谢MH	3600	12	10	
E1209004	王LL	2500	45	0	
E1209005	宋XY	2550	23	10	
E1209006	刘YY	3500	9	20	
E1209007	刘L	4100	8	6	
E1209008	李XM	2500	14	19	
E1209009	张PY	2800	23	21	

图实 6-1　职工工资工作表

① 将标题设置为"跨列居中",并按图实 6-1 表格的格式加边框。

② 实发工资 = 基本工资 + 加班费 – 电费,加班费每小时 25 元,电费每度 0.54 元,求每名职工的实发工资。

③ 按实发工资从高到低的顺序排序,并求实发工资的平均值放在 A14 单元格。

④ 用图表显示每个职工的实发工资占实发工资总数的比例。

实验 7　WPS 演示文稿的制作

1. 实验目的

(1) 掌握 WPS 演示文稿的创建与编辑方法。

(2) 掌握 WPS 演示幻灯片的动画设置方法。

(3) 掌握 WPS 演示幻灯片的放映设置方法。

2. 实验内容和步骤

(1) 创建 WPS 演示文稿

① 启动 WPS Office 系统,单击"新建"按钮,在"新建"窗口的"Office 文档"区域单击"演示"按钮,创建一个空白演示文稿。

② 单击第 1 张幻灯片,在"开始"选项卡中单击"版式"下拉按钮,在弹出的下拉列表中单击"标题幻灯片"按钮。

③ 单击"文件"→"保存"命令,打开"另存为"对话框,选择保存在 D 盘,输入文件名"静夜思 .pptx",单击"保存"按钮。

(2) 输入主标题和副标题

单击第 1 张幻灯片的"空白演示"占位符,并输入"静夜思";单击"单击此处输入副标题"占位符,并输入"——李白"。

(3) 插入幻灯片

① 选择第 1 张幻灯片,打开"开始"选项卡,单击"新建幻灯片"下拉按钮,弹出"新建单页幻灯片"对话框,选择"版式"选项卡,单击第 1 个版式。

② 单击幻灯片中的"单击编辑标题"占位符,并输入"静夜思"。

③ 单击"编辑文本"并输入 4 行文本内容:"床前明月光,疑是地上霜。举头望明月,低头思故乡。"

在 WPS 演示文稿中,第 1 张幻灯片默认是"标题幻灯片",其他的幻灯片默认是"标题和内容"幻灯片。

④ 插入第 3 张幻灯片。选择第 2 张幻灯片，单击"开始"选项卡中的"新建幻灯片"命令，则插入了与第 2 张幻灯片一样版式的幻灯片。若需要改变幻灯片版式，则在"开始"选项卡中单击"版式"下拉按钮，在下拉列表中选择合适的版式，或者按照插入第 2 张幻灯片的方式操作。

在第 3 张幻灯片中单击"单击此处添加标题"占位符，输入"作者简介"；单击"单击此处添加文本"，分 3 行输入"字太白，号青莲居士""伟大的浪漫主义诗人""有'诗仙'之称"；单击右边占位符中的"插入图片"按钮，打开"插入图片"对话框，找到"李白"图片文件，单击"打开"按钮。

⑤ 插入第 4 张幻灯片。单击第 3 张幻灯片下面空白处，按 Enter 键，插入新幻灯片。将幻灯片版式改为"空白"。打开"插入"选项卡，单击"文本框"下拉按钮，在下拉列表中选择"横向文本框"命令，然后用鼠标左键在空白幻灯片上拖出一个矩形框并输入"Thank you！"，选择文本，设置字号为"60"。

（4）项目符号设置

选中第 2 张幻灯片的文本，在"开始"选项卡中单击"项目符号"下拉按钮，选择项目符号"√"。

（5）插入日期和时间

在任意幻灯片的空白处，在"插入"选项卡中单击"页眉页脚"下拉按钮，在下拉列表中单击"日期和时间"命令，弹出"日期和时间"对话框，选中"自动更新"复选框，然后单击"确定"按钮。

（6）主题设置

在"设计"选项卡中单击"更多设计"按钮，弹出"全文美化"对话框，选择一种设计方案，单击"应用美化"按钮。

（7）背景设置

① "渐变填充"背景设置。选中第 4 张幻灯片，在幻灯片空白处右击，在弹出的快捷菜单中选择"设置背景格式"命令，在弹出的"对象属性"窗格中选中"填充"下的"渐变填充"单选按钮，在下拉列表中选择一种"渐变填充"颜色。

② "图片或纹理填充"背景设置。在"对象属性"窗格中选中"图片或纹理填充"单选按钮，在"纹理填充"下拉列表中选择一种样式。注意，每个图片下方有文本提示。

③ "图案填充"背景设置。在"对象属性"窗格中选中"图案填充"单选按钮，在"图案填充"下拉列表中选择一种图案。

（8）幻灯片大小设置

在"设计"选项卡中单击"幻灯片大小"下拉按钮，选择"自定义大小"命令，打开"页面设置"对话框，在"幻灯片大小"设置区的"高度"栏中单击文本框右侧的微调按钮，将高度调整为 22 厘米，单击"确定"按钮，退出设置。

（9）设置动画效果

① 对文本框设置动画效果。单击第 2 张幻灯片，选中文本框。在"动画"选项卡中单击"动画"下拉列表框右下角的下拉按钮，弹出"动画"下拉列表。在其中选择需要的动画效果，如果没

有找到所需要的动画效果,则单击"更多选项"按钮⊙。

②对图片设置动画效果。单击第 3 张幻灯片,选中图片,在"动画"下拉列表中选择需要的动画效果,如果没有找到所需要的动画效果,则单击"更多选项"按钮。

(10) 设置幻灯片的切换方式

在"切换"选项卡中单击"切换"下拉列表中的"百叶窗"按钮;单击"效果选项"下拉按钮,在下拉列表中单击"水平"命令;单击"应用到全部"按钮。

(11) 设置超链接

选择第 3 张幻灯片,右击图片,在弹出的快捷菜单中选择"超链接"命令,弹出"插入超链接"对话框,在"地址:"后面的文本框内输入一个网址,单击"确定"按钮,退出设置。

(12) 插入动作按钮

单击第 5 张幻灯片,在"插入"选项卡中单击"形状"下拉按钮,在"动作按钮"中选择"后退或前一项"图形。此时,鼠标变为"+",拖动鼠标画出动作按钮。同时在弹出的"动作设置"对话框中设置单击鼠标时的动作,然后单击"确定"按钮关闭对话框。

(13) 存盘

操作完成后,单击快速访问工具栏中的"保存"按钮存盘。

3. 实验思考

(1) 如何在幻灯片中插入图片、声音和视频文件?

(2) 如何在空白版式的幻灯片中输入文字?

(3) 如何设置幻灯片中各对象的动画播放次序?

(4) 设计一个演示文稿,以一个应聘者的身份向用人单位展示自己的专业领域、主要特长等内容。

(5) 设计一个教学课件,要求有文本、图片、图表、声音等对象,包含动画和超链接。

实验 8　Python 运算与表达式

1. 实验目的

(1) 熟悉 Python 程序的运行环境与运行方式。

(2) 掌握 Python 的基本数据类型。

(3) 掌握 Python 的算术运算规则及表达式的书写方法。

2. 实验内容和步骤

(1) Python 环境的使用

① 启动图形用户界面形式的 Python 解释器,在命令和程序两种方式下执行下列语句:

```
a = 2
b = "1234"
c = a + int(b) % 10
print(a, '\t', b, '\t', c)
```

然后回答以下问题:

a. 在 Python 中如何表示字符串?

b. "\t" 是什么字符? 有何作用?

c. int( ) 函数的作用是什么?

d. % 是什么运算符? 有何作用?

② 先导入 math 模块,再查看该模块的帮助信息,具体语句如下。

```
>>> import math
>>> dir(math)
>>> help(math)
```

根据语句执行结果,写出 math 模块包含的函数,并说明 log( )、log10( )、log1p( )、log2( ) 等函数的作用。

(2) 先执行语句再回答问题

>>> a = list(range(15))

>>> b = tuple(range(1,15))

然后完成操作或回答问题。

① 显示变量 a、b 的值,并说出变量 a、b 的数据类型。

② range( ) 函数的作用是什么? range(15) 与 range(1,15) 有何区别?

③ 生成由 100 以内的奇数构成的列表 c,请写出语句并验证。

(3) 编程求表达式的值

① 求下列表达式的值。

a. $\dfrac{4}{3}\pi^3$ b. $\dfrac{2}{1-\sqrt{7}\,i}$(其中 i 为虚数单位)

② 已知 $x=12, y=10^{-5}$,求下列表达式的值。

a. $1+\dfrac{x}{3!}-\dfrac{y}{5!}$ b. $\dfrac{2\ln|x-y|}{e^{x+y}-\tan y}$

(4) 程序填空

① 计算并输出 π^2。

import math

p = ＿＿＿＿＿＿

print(p)

② 从键盘输入一个整数 n,输出其十位上的数字 b。例如,输入 n = 537,则 b = 3。

n = int(input("n = "))

b = ＿＿＿＿＿

print("b = ",b)

(5) 程序改错

下面的程序用于求一元二次方程 $2x^2+5x-3=0$ 的根,其中有 4 处错误,请帮助改正。

a,b,c = 2,5,-3

import math

q = b * b - 4a*c

q_sr = sqrt(q)

x1 = (-b + q_sr)/2*a

x2 = (-b - q_sr)/2*a

print(x1,x2)

3. 实验思考

(1) 在 Python 环境下求 $\sqrt{2}\times\sqrt{2}$ 的值,并和 2 进行比较,看它们的值是否相等,或者看 $\sqrt{2}\times$

$\sqrt{2}-2$ 的值是否为 0,这说明什么问题?

(2) 有同学为了求 e^2(e 是自然对数的底)采用了以下 4 种方法,请分析它们之间的区别,说明哪种方法更合理。

方法 1:

```
>>> e = 2.71828
>>> e**2      # 或 e*e
7.3890461584
```

方法 2:

```
>>> e = 2.71828
>>> pow(e,2)
7.3890461584
```

方法 3:

```
>>> e = 2.71828
>>> import math
>>> math.pow(e,2)
7.3890461584
```

方法 4:

```
>>> import math
>>> math.exp(2)
7.38905609893065
```

(3) 设 $x = \sqrt[3]{5}$,$y = 6!$,求下列表达式的值。

① $\dfrac{\sin x + \cos y}{x^2 + y^2} + \dfrac{x^y}{xy}$

② $e^{\frac{\pi}{2}x} + \dfrac{\lg|x - y|}{x + y}$

实验 9　实现选择判断

1. 实验目的

(1) 理解选择结构的概念。

(2) 能用 if 语句实现选择判断。

2. 实验内容和步骤

(1) 程序阅读

① 以下两个程序的执行结果有何不同？

程序一：

```
x,y = 10,20
if x > y:
    x,y = y,x
print(x,y)
```

程序二：

```
x,y = 10,20
if x > y:
    x,y = y,x
    print(x,y)
```

② 若从键盘输入 55,写出以下程序的执行结果。

```
a = int(input( ))
if a>40：
    print("a1 = ",a)
    if a<50:
        print("a2 = ",a)
if a>30：
```

```
    print("a3 = ",a)
```

③ 分析以下程序的输出结果,说明出现该结果的原因,应该如何修改程序?

```
x = 2.1
y = 2.0
if x - y == 0.1:
    print("Equal")
else:
    print("Not Equal")
```

(2) 程序填空

① 判断一个整数是否能被 3 或 7 整除,若能被 3 或 7 整除,则输出"Yes",否则输出"No"。

```
m = int(input( ))
if _____:
    print("Yes")
else:
    print("No")
```

② 输入 a、b、c 三个值,输出其中最大值。

```
a = int(input('输入第 1 个数:'))
b = int(input('输入第 2 个数:'))
c = int(input('输入第 3 个数:'))
_____
if b > max_num:
    max_num = b
if c > max_num:
    max_num = c
print(max_num)
```

③ 实现一个简单的出租车计费系统,当输入行程的总里程时,输出乘客应付的车费(车费保留一位小数)。计费标准为:3 km 内为起步价,收费 10 元;超过 3 km 以后,每千米费用为 1.2 元;超过 10 km 以后,每千米的费用为 1.5 元。

```
km = float(input("请输入千米数:"))
if km <= 0:
    print("数据输入错误,请重新输入")
else:
    if km <= 3:
        cost = 10
    elif km <= 10:
```

$$\text{cost} = \underline{\qquad\qquad}$$

else:

$$\text{cost} = 18.4 + (\text{km} - 10) * 1.5$$

print("需要支付车费",\underline{\qquad},"元")

3. 实验思考

(1) 程序填空。输入整数 x、y、z,若 $x^3 + y^3 + z^3 > 1\,000$,则输出 $x^3 + y^3 + z^3 - 1\,000$ 的值,否则输出三个数之和。

x, y, z = eval(input("please input three numbers:"))

$$t = \underline{\qquad}$$

if t > 1000:

　　print(t - 1000)

else:

　　print(x + y + z)

(2) 输入一个整数,若为奇数则输出其平方根,否则输出其立方根。分别用单分支、双分支 if 语句编写程序。

实验 10　控制重复操作

1. 实验目的

(1) 理解循环结构的概念。
(2) 掌握循环的实现方法。

2. 实验内容和步骤

(1) 程序阅读
① 写出下列程序的运行结果。

```
i = 1
while i + 1:
    if i>4:
        print(i)
        i+ =1
        break
    print(i)
    i+ =2
```

② 写出下列程序的运行结果。

```
s = 0
for i in range(1,13):
    if i%2 ==1:
        continue
    if i%9 ==0:
        break
    s = s + i
print(s)
```

③ 下面是判断 n 是否为素数的程序。

```
n = int(input("输入整数:"))
if n < 2:
    print(n,"不是素数")
for i in range(2,n):
    if n%i == 0:
        print("这个数不是素数")
        break                    # 执行 break 语句退出循环
    else:
        print("这个数是素数")
```

先后两次运行程序的结果如下。

输入整数:12↙

这个数不是素数

输入整数:15↙

这个数是素数

这个数不是素数

显然第二次的结果不正确,请修改程序中的错误。

(2) 程序填空

① 使用两种不同的方法计算 100 以内所有奇数的和。

方法 1:

```
MySum = 0
for i in range(101):
    if_____:
        MySum += i
print(MySum)
```

方法 2:

```
lst = [i for i in_____]
print(sum(lst))
```

② 从键盘输入 5 组数,每组有 6 个数,求出各组数中元素绝对值之和的最大者和最小者。

```
max1 = min1 = 0
for i in range(1,6):
    MySum = 0
    for j in range(1,7):
        x = int(input( ))
        MySum += _____
```

```
        if MySum > max1:
              _____
        if i == 1    or    MySum < min1:
                min1 = MySum
print(max1,min1)
```

要求或回答：

a. 在空白处填上适当内容以使程序能实现所要求的功能。

b. 将第一句 max1 = min1 = 0 中 0 改为 100，即用 100 作为两个变量的初值行不行？为什么？

c. 将第 3 句 MySum = 0 移到第 2 句行不行？为什么？

d. 简要说出 for i in range(1,6) 循环和 for j in range(1,7) 循环的作用。

3. 实验思考

(1) 程序填空。输入一个整数让它反向输出。

```
n = int(input('n ='))
total = 0
while n > 0:
        total = total * 10 + n % 10
        _____                    #n = n//10
print(total)
```

(2) 有数列 $\dfrac{2}{1},\dfrac{3}{2},\dfrac{5}{3},\dfrac{8}{5},\dfrac{13}{8},\cdots$ ，求该数列前 20 项之和。

实验 11 Matplotlib 绘图

1. 实验目的

（1）熟悉 NumPy、Matplotlib 等第三方库的安装方法。
（2）掌握 NumPy、Matplotlib 库的基本操作。

2. 实验内容和步骤

（1）第三方库的安装方法
练习 NumPy、Matplotlib 的安装方法，安装成功后导入这些库。
（2）程序填空
① 绘制一个单位圆。

```
import numpy as np

import matplotlib.pyplot as plt

t = np.linspace(0, 2*np.pi, 1000)

x = np.sin(t)

y = np.cos(t)

_____

plt.axis('equal')

plt.show( )
```

② 绘制 5 个同心圆。

```
import numpy as np

import matplotlib.pyplot as plt

t = np.linspace(0, 2*np.pi, 1000)

for r in _____ :

    x = r*np.sin(t)

    y = r*np.cos(t)
```

```
      plt.plot(x,y)
  plt.axis('equal')

  plt.show( )
```

③ 分别绘制曲线 $y_1 = 3x + 5$ 和 $y_2 = x^2$，并标注两曲线的交点。

```
import numpy as np

import matplotlib.pyplot as plt

x = np.linspace(-5,5,1000)

y1 = 3 * x + 5

y2 = x * x

plt.plot(x,y1,'b',x,y2,'g',linewidth = 1)        # 绘制两条曲线

for k in np.arange(len(x)):

    if np._____ < 0.02:                      # 判断交点

        plt.plot(x[k],y1[k],'ro')                 # 标注交点

plt.grid                                          # 加网格线

plt.show( )
```

④ 绘制一元二次函数 $f(x) = 2x^2 + 3x + 4$ 的曲线，同时画出梯形法求定积分时的各个梯形（假定积分区间为 $[-5,5]$）。

```
def Quadratic(x):                    # 定义二次函数

    return 2 * x ** 2 + 3 * x + 4

import numpy as np

import matplotlib.pyplot as plt

x = np.linspace(-5,5,30)             # 在积分区间上生成 30 个等间隔数值

y = Quadratic(x)

plt.plot(x,y)                        # 绘制函数曲线

plt.plot(_____,color = "b")     # 绘制 x 轴

for i in range(len(x)):

    plt.plot([x[i],x[i]], [0,y[i]])  # 绘制梯形的上底和下底

for i in range(_____):

    plt.plot([x[i],x[i+1]], [y[i],y[i+1]])        # 把梯形的斜腰连起来

plt.show( )
```

程序运行后得到如图实 11-1 所示的图形。

要求：

a. 在空白处填上适当内容以使程序能实现所要求的功能。

b. 用不同的颜色填充各个梯形，请修改程序。

提示：利用 Matplotlib 的 fill( ) 函数绘图，利用 random 模块的 random( ) 函数表示 RGB 颜色

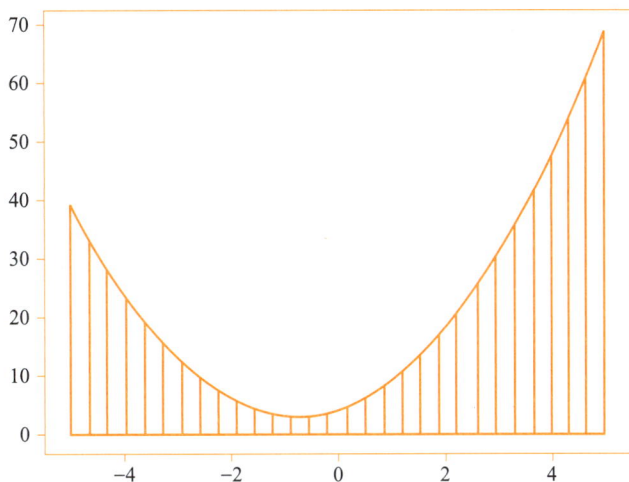

图实 11-1　梯形法求定积分示意图

分量。以下程序用随机颜色绘制正八边形。

```
import numpy as np
import matplotlib.pyplot as plt
import random as rnd
t = np.arange(0,2*np.pi,2*np.pi/8)                    # 取正八边形坐标点
x = np.sin(t)
y = np.cos(t)
plt.fill(x,y,color = [rnd.random(),rnd.random(),rnd.random()])    # 填充颜色
plt.axis('equal')
plt.show()
```

⑤ 在 Oxy 平面内选择区域 $[-5,5] \times [-5,5]$，绘制平面 $z = 6$。

```
import numpy as np
from matplotlib import pyplot as plt
from mpl_toolkits.mplot3d import Axes3D
fig = plt.figure()
ax = Axes3D(fig,auto_add_to_figure = False)
fig.add_axes(ax)
x = np.arange(-5,5,0.4)
y = np.arange(-5,5,0.4)
X,Y = np.meshgrid(x,y)
Z1 = np.ones([np.size(X,0),np.size(X,1)])             # 产生和 X 同样大小的全 1 数组
Z = _____
```

```
ax.plot_surface(X,Y,Z,cmap='rainbow')                          # 设置 rainbow(彩虹)色图
plt.show( )
```

3. 实验思考

(1) 以下程序利用极坐标绘制函数 polar( ) 绘制单位圆,修改程序绘制 5 个同心圆。

```
import numpy as np
import matplotlib.pyplot as plt
plt.axes(projection='polar')                                   # 创建极坐标轴对象
theta=np.arange(0,2*np.pi,0.01)
rho=np.ones(len(theta))
plt.polar(theta,rho,'r-')
plt.show( )
```

(2) 分别绘制正弦曲线和余弦曲线,并标注两曲线交点。

实验 12 常 用 算 法

1. 实验目的

(1) 掌握求解一元二次方程根的迭代算法。
(2) 掌握排序算法。
(3) 掌握绘制科赫曲线的方法及递归算法。

2. 实验内容和步骤

(1) 程序填空
① 利用简单迭代公式 $x_n = (3 - 2x_{n-1}^2)/5$ 求一元二次方程 $2x^2 + 5x - 3 = 0$ 的根,直到满足 $|x_n - x_{n-1}| \leq 10^{-6}$ 为止,x 初值取 1.5。

```
a,b,c = 2,5,-3
x0,x1 = 0,1.5
import math
while math.fabs(x1 - x0) > _____ :
    x0 = x1
    x1 = (3 - 2 * x0 * x0)/5
print(x1)
```

② 编写将向量 x 的元素按从小到大排序的函数,然后调用该函数实现排序。

```
def mysort(x):
    y=[ ]
    for k in range(len(x)):
        m = _____              # 求最小元素
        y._____                # 添加最小元素
        ind = x.index(m)            # 求最小元素第一次出现的下标
        x.pop(ind)                  # 删除最小值,或者 del x[ind]
```

```
        return y
m = mysort([32,-54,2,4,-54,32,0,-43])
print(m)
```

（2）绘制科赫曲线

科赫曲线是典型的分形曲线，由瑞典数学家科赫（Koch）于 1904 年提出。科赫曲线的构造过程是：取一条直线段 L_0，将其三等分，保留两端的线段，将中间的一段用以该线段为边的等边三角形的另外两边代替，得到曲线 L_1，如图实 12-1 所示；再对 L_1 中的 4 条线段都按上述方式修改，得到曲线 L_2；如此继续下去，进行 n 次修改得到曲线 L_n；当 $n \to \infty$ 时得到一条连续曲线 L，这条曲线 L 就称为科赫曲线。

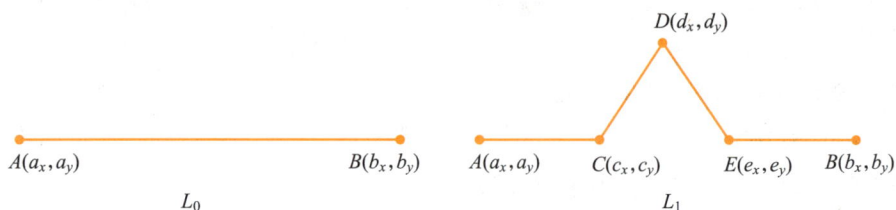

图实 12-1   科赫曲线构造过程

科赫曲线的构造规则是将每条直线用一条折线替代，通常称之为该分形的生成元，分形的基本特征完全由生成元决定。给定不同的生成元，就可以生成各种不同的分形曲线。分形曲线的构造过程是通过反复用一个生成元来取代每一直线段，因而图形的每一部分都和它本身的形状相似，这就是自相似性，这是分形最为重要的特点。分形曲线的构造过程也决定了制作该曲线可以用递归方法，即函数自己调用自己的过程。

设有 $A(a_x, a_y)$，$B(b_x, b_y)$，对于给定的初始直线 $L_0 = AB$，按照科赫曲线的构造原理计算出 C, D, E 各点坐标如下。

C 点坐标：$c_x = a_x + (b_x - a_x)/3, c_y = a_y + (b_y - a_y)/3$。

D 点坐标：$d_x = (a_x + b_x)/2 + \sqrt{3}(a_y - b_y)/6, d_y = (a_y + b_y)/2 + \sqrt{3}(b_x - a_x)/6$。

E 点坐标：$e_x = b_x - (b_x - a_x)/3, e_y = b_y - (b_y - a_y)/3$。

定义对直线 L_0 进行替换的函数 koch（），然后利用函数的递归调用（即在函数实现过程中又调用了该函数自身），分别对 AC、CD、DE、EB 线段调用 koch 函数，通过递归来实现"无穷"替换，不能像数学家的设想那样运算至无穷，所以要根据要显示的最小长度来作为递归的终止条件。

程序如下。

```
def koch(ax,ay,bx,by,depth):
    if depth < 1:
        plt.plot([ax,bx],[ay,by],'k',linewidth = 0.5)
    else:
        cx = ax +(bx - ax)/3          # 计算替换点坐标
```

$$cy = ay + (by - ay)/3$$

$$dx = (ax + bx)/2 + sqrt(3)*(ay - by)/6$$

$$dy = (ay + by)/2 + sqrt(3)*(bx - ax)/6$$

$$ex = bx - (bx - ax)/3$$

$$ey = by - (by - ay)/3$$

```
        koch(ax,ay,cx,cy,depth-1)       # 递归调用
        koch(cx,cy,dx,dy,depth-1)
        koch(dx,dy,ex,ey,depth-1)
        koch(ex,ey,bx,by,depth-1)
from math import *
import matplotlib.pyplot as plt
depth = 4
koch(20,40,480,40,depth)
plt.axis('equal')
plt.show()
```

程序运行结果如图实 12-2 所示,改变 depth 的值可以获得不同细腻程度的科赫雪花曲线。

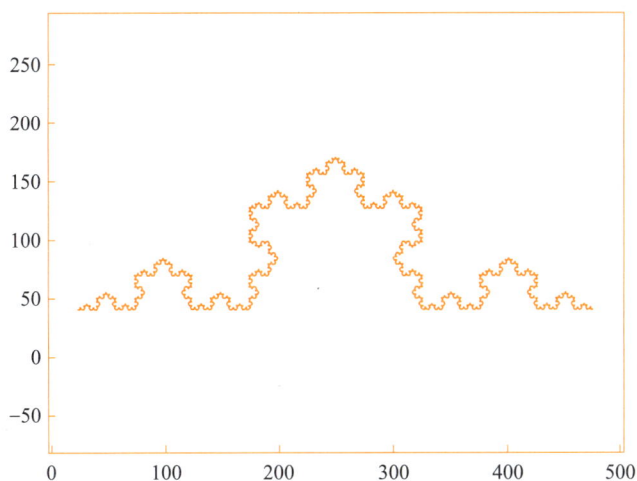

图实 12-2 科赫曲线

在程序中 3 次调用 koch( )函数,实现三角形 3 条边各自的科赫曲线,形成科赫雪花曲线效果。将程序最后 4 句改为以下 6 个语句,程序运行结果如图实 12-3 所示。

```
depth = 4
koch(180,10,64.5,210,depth)
koch(64.5,210,295.5,210,depth)
koch(295.5,210,180,10,depth)
```

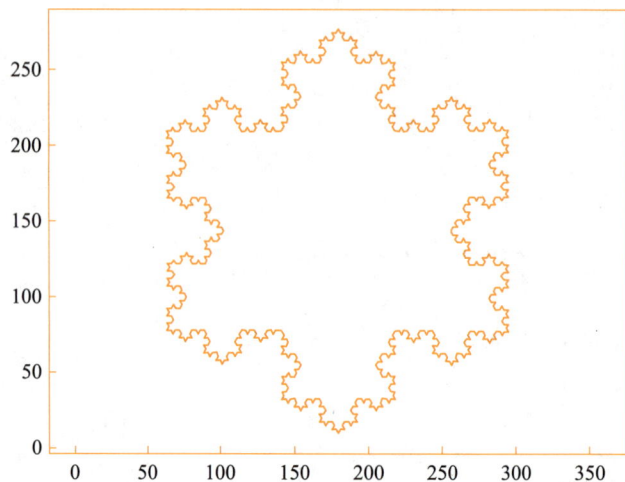

图实 12-3　科赫雪花曲线

plt.axis('equal')

plt.show（ ）

3. 实验思考

（1）在求解一元二次方程根的迭代算法程序中,修改迭代的初值,程序运行过程会有什么变化?

（2）编写将向量 x 的元素按从大到小排序的程序。

（3）运行科赫曲线程序,发现随着 depth 值的增大,可以获得更加细腻程度的科赫曲线,但程序运行时间也在增加,请据此总结函数递归调用的优缺点。

（4）查找其他分形曲线的构成规则,并利用 Python 实现。

实 训 篇

实训 1　毕业设计论文排版

1. 实训目的

（1）掌握页眉和页脚的设置。

（2）掌握字体和段落格式的设置。

（3）掌握样式的修改方法。

（4）掌握编号与交叉引用的方法。

（5）掌握目录的生成方法。

2. 实训内容

张三同学撰写了硕士毕业设计论文初稿（文件名为 WPS.docx），按以下要求进行排版。

（1）设置文档属性：摘要的标题为"工学硕士学位论文"，作者为"张三"。

（2）设置文档页面：上、下页边距均为 2.5 cm，左、右页边距均为 3 cm；页眉、页脚距边界均为 2 cm；设置"只指定行网格"，且每页 33 行。

（3）对文中使用的样式进行如下调整。

① 设置"正文"样式的中文字体为"宋体"，西文字体为"Times New Roman"。

② 设置"标题 1"（章标题）、"标题 2"（节标题）和"标题 3"（条目标题）样式的中文字体为"黑体"，西文字体为"Times New Roman"。

③ 设置每章的标题为自动另起一页，即始终位于下页首行。

（4）对已经预先应用了多级编号的章、节、条目 3 级标题做进一步处理。编号末尾不加点号"."；编号数字样式均设置为半角阿拉伯数字（1，2，3，…）；各级编号后以空格代替制表符与标题文本隔开；节标题在章标题之后重新编号，条目标题在节标题之后重新编号，例如，第 2 章的第 1 节，应编号为"2.1"。

（5）对参考文献列表应用自定义的自动编号以代替原先的手动编号，编号用半角阿拉伯数字置于一对半角方括号"[ ]"中（如[1]、[2]、…），编号位置设为顶格左对齐（对齐位置为 0 厘米）。然后，将论文第 1 章正文中的所有引注与对应的参考文献列表编号建立交叉引用关系，以代替原先的手动标示(保持字样不变),并将正文的引注设为上标格式。

(6) 按下列要求使用题注功能。对论文第 4 章中的 3 个图片分别应用按章连续自动编号,以代替原先的手动编号。

① 图片编号形如"图 4–1",其中连字符前面的数字代表章号、后面的数字代表图片在本章中出现的次序。

② 在图片题注中,标签"图"与编号"4–1"之间要求无空格(该空格需生成题注后再手动删除),编号之后以一个半角空格与图片名称间隔开。

③ 修改"图片"样式的段落格式,使正文中的图片始终自动与其图题所在段落位于同一页面中。

④ 在正文中通过交叉引用为图片设置自动引用其图片编号,替代原先的手动编号(保持字样不变)。

(7) 美化论文第 2 章中的"表 2–2"对应表格。

① 根据内容调整表格列宽,并使表格适应窗口大小,即表格左右恰好充满版心。

② 合并表格第 1 列中的相关单元格,即"CBC–PA 1""CBC–PA 3""CBC–PA 5"各占一行、居中显示。

③ 设置表格边框,上、下边框线为 1.5 磅、粗黑线,内部横框线为 0.5 磅、细黑线。

④ 设置表格标题行(第 1 行)在表格跨页的时候能够自动在下页顶端重复出现。

(8) 为论文添加目录,具体要求如下。

① 在论文封面页之后、正文之前自动生成目录,包含 1~3 级标题。

② 使用格式刷将"参考文献"标题段落的字体和段落格式完整应用到"目录"标题段落,并设置"目录"标题段落的大纲级别为"正文文本"。

③ 将目录中的 1 级标题段落设置为黑体、小四号字,2 级和 3 级标题段落设置为宋体、小四号字,英文字体全部设置为"Times New Roman",并且要求这些格式在更新目录时保持不变。

(9) 将论文分为封面页、目录页、正文章节、参考文献页共 4 个独立的节,每节都从新的一页开始(必要时删除空白页,使文档不超过 8 页),并按要求对各节的页眉页脚分别独立编排。

① 封面页不设页眉横线,文档的其余部分应用任意"上粗下细双横线"样式的预设页眉横线。

② 封面页不设页眉文字,目录页和参考文献页的页眉处添加"工学硕士学位论文"字样,正文章节页的页眉处设置"自动"获取对应章标题(含章编号和标题文本,并以半角空格间隔。例如,正文第 1 章的页眉字样为"第 1 章　绪论"),且页眉字样居中对齐。

③ 封面页不设页码,目录页应用大写罗马数字页码(Ⅰ,Ⅱ,Ⅲ,…),正文章节页和参考文献页统一应用半角阿拉伯数字页码(1,2,3,…)且从数字 1 开始连续编码。页码数字在页脚处居中对齐。

(10) 论文第 3 章的公式段落已预先应用了"公式"样式,请修改该样式的制表位格式,实现将正文公式内容在 20 字符位置处居中对齐,公式编号在 40.5 字符位置处右对齐。

（11）为使论文打印时不跑版，请先保存"WPS.docx"文字文档，然后使用"输出为 PDF"功能，在源文件目录下，将其输出为带权限设置的 PDF 格式文件，权限设置为"禁止更改"和"禁止复制"，权限密码设置为三位数字"123"（无须设置文件打开密码），其他选项保持默认即可。

3. 操作步骤

（1）设置文档属性

打开 WPS.docx 文档，在"文件"菜单中选择"文件加密"→"属性"命令，弹出"WPS.docx 属性"对话框，切换到"摘要"选项卡，在"标题"文本框中输入"工学硕士学位论文"；在"作者"文本框中输入"张三"，单击"确定"按钮。

（2）设置页面格式

① 设置页边距。在"页面"选项卡中单击"页面设置"组中的对话框启动器按钮 ↘，弹出"页面设置"对话框，在"页边距"选项卡中的"上"和"下"微调框中分别输入"2.5"，在"左"和"右"微调框中分别输入"3"。

② 设置版式。在"页面设置"对话框中选择"版式"选项卡，设置"页眉"和"页脚"为"2"厘米。

③ 设置文档网格。在"页面设置"对话框中选择"文档网格"选项卡，选中"网格"项下的"只指定行网格"单选按钮，在"每页"微调框中输入"33"，单击"确定"按钮。

（3）修改样式

① 在"开始"选项卡中，右击"正文"样式，选择"修改样式"命令，弹出"修改样式"对话框，单击下方的"格式"下拉按钮，在下拉列表中单击"字体"命令，弹出"字体"对话框，将"中文字体"设置为"宋体"，将"西文字体"设置为"Times New Roman"，单击"确定"按钮返回"修改样式"对话框，再单击"确定"按钮。

② 在"开始"选项卡中，右击"标题 1"样式，选择"修改样式"命令，弹出"修改样式"对话框，单击下方的"格式"下拉按钮，在下拉列表中单击"字体"命令，弹出"字体"对话框，将"中文字体"设置为"黑体"，将"西文字体"设置为"Times New Roman"，单击"确定"按钮，返回"修改样式"对话框，再次单击下方的"格式"下拉按钮，在下拉列表中单击"段落"命令，弹出"段落"对话框，切换到"换行和分页"选项卡中，选中"段前分页"复选框，依次单击"确定"按钮，完成"标题 1"样式的修改。

③ 按照上述同样方法修改"标题 2"（节标题）和"标题 3"（条目标题）样式。此处不用修改段落样式。

（4）多级列表的应用和修改

① 将光标置于文档开始位置，在"开始"选项卡中，选择"编号"下拉列表中的"自定义编号"命令，弹出"项目符号和编号"对话框，切换到"多级编号"选项卡，选中一种与题目要求相近的编号样式。

② 单击下方的"自定义"按钮，弹出"自定义多级编号列表"对话框，单击"高级"按钮，展开

全部功能页面,将"编号格式"设置为"第①章",将下方的"将级别链接到样式"选择为"标题 1",将"编号之后"选择为"空格"。

③ 选中左侧"级别"列表框中的"2",将"编号格式"修改为"①.②",将下方的"将级别链接到样式"选择为"标题 2",将"编号之后"选择为"空格",默认选中"在其后重新开始编号"复选框。

④ 选中左侧"级别"列表框中的"3",将"编号格式"修改为"①.②.③",将下方的"将级别链接到样式"选择为"标题 3",将"编号之后"选择为"空格",默认选中"在其后重新开始编号"复选框,单击"确定"按钮完成编号设置。

(5) 自定义编号与交叉引用

① 设置"参考文献"自定义编号。选中"参考文献"列表,在"开始"选项卡中选择"编号"下拉列表中的"自定义编号"命令,弹出"项目符号和编号"对话框,切换到"编号"选项卡,选中一种与题目要求相近的编号样式。

单击下方的"自定义"按钮,弹出"自定义编号列表"对话框,单击"高级"按钮,展开全部功能页面,将编号格式置为"[①]",默认"对齐位置"为"0"厘米,单击"确定"按钮。

② 设置交叉引用。选中"前沿研究热点"后的手动编号"[1]",保持光标位置不变,单击"引用"选项卡中的"交叉引用"按钮,弹出"交叉引用"对话框,将"引用类型"选择为"编号项",将"引用内容"选择为"段落编号",将下方的"引用哪一个编号项"选择为"[1]陆亚东……",单击"插入"按钮。用同样的方法设置其他的手动编号的交叉引用。

选中第 1 章正文内容,按 Ctrl+H 组合键打开"查找和替换"对话框,在"查找内容"文本框中输入"\[*\]",单击"高级搜索"按钮,展开全部功能页面,选中"使用通配符"复选框,将光标置于"替换为"文本框中,单击"格式"按钮,选择"字体"命令,弹出"替换字体"对话框,选中"效果"项中的"上标"复选框,单击"确定"按钮,然后单击"全部替换"按钮。

在弹出的第一个"WPS 文字"提示框中单击"取消"按钮,在弹出的第二个"WPS 文字"提示框中单击"确定"按钮,最后单击"关闭"按钮。

(6) 设置题注及图片样式

① 添加题注。删除原先的图片手动编号,如"图 4-1",将光标置于"中轴线上的温度随时间的演化"文本左侧,单击"引用"选项卡中的"题注"按钮,弹出"题注"对话框,将"标签"设置为"图",将"题注"设置为"图 1",单击下方的"编号"按钮,弹出"题注编号"对话框,选中"包含章节编号"复选框,依次单击"确定"按钮。

将光标置于标签"图"与编号"4-1"之间,手动删除它们之间的空格。用同样的方法添加另外两张图片的题注。

② 设置图片的段落格式。选中"图 4-1"对应的图片,在"开始"选项卡中单击"段落"对话框启动器按钮 ,弹出"段落"对话框,切换到"换行和分页"选项卡,选中"分页"项中的"与下段同页"复选框,单击"确定"按钮。用同样的方法设置另外两张图片的样式。

③ 交叉引用。删除原先段落中的文字"图 4-1",单击"引用"选项卡中的"交叉引用"按钮,

弹出"交叉引用"对话框,在"引用类型"项中选择"图"选项,在"引用内容"项中选择"只有标签和编号"选项,在"引用哪一个题注"项中选择"图4-1中轴线……"选项,单击"确定"按钮。用同样的方法设置另外两处文字的交叉引用。

(7) 设置表格格式

① 选中表格,单击"表格工具"选项卡中的"自动调整"下拉按钮,选择下拉列表中的"根据内容调整表格"中的"适应窗口大小"命令。

② 选中第1列第2、3行,单击"表格工具"选项卡中的"合并单元格"按钮,用同样的方法设置另外两个单元格。

③ 选中表格,在"表格样式"选项卡中单击"边框"下拉列表中的"边框和底纹"命令,弹出"边框和底纹"对话框,单击"设置"项中的"无"按钮,设置"宽度"为"1.5磅",在"预览"项中单击"上框线"和"下框线"按钮,单击"确定"按钮,选中表格的第2行,单击"边框"下拉列表中的"边框和底纹"命令,弹出"边框和底纹"对话框,将"宽度"设置为"0.5磅",在"预览"中单击"上框线"按钮,单击"确定"按钮。

④ 选中表格,单击"表格工具"选项卡中的"标题行重复"按钮。

(8) 添加目录与修改目录样式

① 添加目录。将光标置于封面页的最后一行处,单击"页面"选项卡中的"分隔符"下拉按钮,在下拉列表中选择"下一页分节符"命令,在光标处输入文字"目录",单击"引用"选项卡中的"目录"下拉按钮,在下拉列表中选择"自定义目录"命令,弹出"目录"对话框,单击"选项"按钮,在"目录选项"对话框中单击"重新设置"按钮,依次单击"确定"按钮。

② 修改目录格式。选中文章末端的"参考文献",单击"格式刷"按钮,选中"目录"二字,再次单击"格式刷"按钮,取消格式刷的选中状态,单击"段落"组中的对话框启动器按钮↘,弹出"段落"对话框,将"大纲级别"选择为"正文文本"。

将光标置于目录的第一行,单击"开始"选项卡,右击"目录1"样式,单击"修改样式"命令,单击下方的"格式"下拉列表中的"字体"命令,按照题目要求修改"目录1"样式的字体和字号。用同样的方法设置2级和3级标题格式,即修改"目录2""目录3"样式。

(9) 分节与页眉页脚

① 分节。将光标置于目录页的末端,单击"页面"选项卡中的"分隔符"下拉按钮,在下拉列表中选择"连续分节符"命令,再将光标置于"第4章"所在页的末端,选择"连续分节符"命令。

② 插入页眉。双击封面页首页页眉,在"页眉和页脚"选项卡中选择"页眉横线"下拉列表中的"无线型"命令,将光标移至目录页首页页眉位置,单击"页眉和页脚"选项卡,取消"同前节"按钮的选中状态,单击"页眉横线"下拉列表,选择"上粗下细双横线"命令。

将光标分别移至正文章节首页页眉位置和参考文献页首页页眉位置,在"页眉和页脚"选项卡中,取消"同前节"按钮的选中状态。

将光标分别移至目录页首页页眉位置和参考文献页首页页眉位置,单击"页眉和页脚"选项卡中的"域"按钮,弹出"域"对话框,在"域名"列表框中选择"文档属性"选项,在右侧的"文档属性"列表框中选择"Title"选项,单击"确定"按钮。

将光标移至正文章节首页页眉位置,单击"页眉和页脚"选项卡中的"域"按钮,弹出"域"对话框,在"域名"列表框中选择"样式引用"选项,在右侧的"样式名"下拉列表中选择"标题1"选项,选中"插入段落编号"复选框,单击"确定"按钮。

单击"页眉和页脚"选项卡中的"域"按钮,弹出"域"对话框,在"域名"列表框中选择"样式引用"选项,在右侧的"样式名"中选择"标题1"选项,单击"确定"按钮。再将光标置于"第1章"与"绪论"之间,输入一个半角空格。默认页眉字样居中对齐。

③ 插入页脚。将光标移至目录页首页页脚位置,单击页脚上方的"插入页码"下拉按钮,将"样式"选择为"Ⅰ,Ⅱ,Ⅲ,…",将"位置"选择为"居中",将"应用范围"选择为"本节",单击"确定"按钮。

单击页脚上方的"重新编号"下拉按钮,在"页码编号设置为"微调框中输入"1"。

将光标移至正文章节首页页眉位置,单击页脚上方的"插入页码"下拉按钮,将"样式"选择为"1,2,3…",将"位置"选择为"居中",将"应用范围"选择为"本页及之后",单击"确定"按钮。

(10) 修改制表位样式

① 将光标移至第3章的公式位置,在"开始"选项卡中的"样式"下拉列表框中右击"公式"样式,单击"修改样式"命令,单击下方的"格式"下拉列表中的"制表位"命令,弹出"制表位"对话框,在"制表位位置"中输入"20",将"对齐方式"选择为"居中",其余保持默认状态,单击下方的"设置"按钮,再在"制表位位置"中输入"40.5",将"对齐方式"选择为"右对齐",其余保持默认状态,单击下方的"设置"按钮,单击"确定"按钮。

② 将光标移至第3章的第一个公式最前面位置,按Tab键,再将光标移至"(3-1)"前,按Tab键。用同样的方法设置另外3个公式。

(11) 保存和输出文档

① 单击快速访问工具栏中的"保存"按钮保存文档。

② 单击快速访问工具栏中的"输出为PDF"按钮,弹出"输出为PDF"对话框,将下方的"保存位置"设置为"源文件夹",单击"设置",弹出"设置"对话框,选中"使以下权限设置生效"复选框,取消选中"允许修改"和"允许复制"复选框,在"密码"和"确认"文本框中输入"123",其他选项保持默认,单击"确定"按钮,再单击"开始输出"按钮,最后关闭"WPS.docx"文件。

4. 实训思考

(1) 如何插入页眉和页脚?

(2) 怎样自定义目录?

(3) 简述样式的修改过程。

实训 2　个人简历制作

1. 实训目的

(1) 掌握页面格式的设置。
(2) 掌握形状的插入和设置。
(3) 掌握图片的插入和裁剪方法。
(4) 掌握文本框和艺术字的插入。
(5) 掌握关系图的使用。

2. 实训内容

张静是一名大学三年级学生,希望在下个暑期去一家公司实习,为此她打算利用 WPS 文字制作一份个人简历,示例样式如"简历参考样式 .jpg"文件所示。

先打开文本文件"WPS 文字素材 .txt",完成下列操作,并以文件名"WPS 文字 .docx"保存结果文档,帮助张静完成简历制作。

(1) 调整文档版面,要求纸张大小为 A4,上、下页边距为 2.5 cm,左、右页边距为 3.2 cm。

(2) 根据页面布局需要,在适当的位置插入颜色分别为"标准色–橙色"与"主题颜色–白色,背景 1"的两个矩形,其中橙色矩形占满 A4 幅面,文字环绕方式设为"浮于文字上方",作为简历的背景。

(3) 参照示例文件,插入"标准色–橙色"的圆角矩形,并添加文字"实习经验",插入一个短划线的虚线圆角矩形框。

(4) 参照示例文件,插入文本框和文字,并调整文字的字体、字号、位置和颜色。其中"张静"为"标准色–橙色"的艺术字,"寻求能够……"文本效果为"跟随路径–上弯弧"。

(5) 根据页面布局需要,插入图片"1.png",依据样例进行裁剪和调整,并删除图片的剪裁区域;然后根据需要插入图片"2.jpg""3.jpg"和"4.jpg",并调整图片大小和位置。

(6) 参照示例文件,在适当的位置使用形状中的"标准色–橙色"箭头(其中横向箭头使用线条类型箭头),插入关系图,并进行适当编辑。

（7）参照示例文件，在"促销活动分析"等 4 处使用项目符号"✓"，在"曾任班长"等 4 处插入"五角星"符号、颜色为"标准色–红色"。调整各部分的位置、大小、形状和颜色，以展现统一、良好的视觉效果。

3. 操作步骤

（1）页面格式的设置

① 打开"WPS 文字素材 .txt"素材文件，备用。

② 启动 WPS 办公软件，新建空白文档。

③ 在"页面"选项卡中选择"纸张大小"下拉列表中的"A4"命令。

④ 在"页面"选项卡中选择左侧"页边距"下拉列表中的"自定义页边距"命令，在弹出的"页面设置"对话框中，将"页边距"的"上""下""左""右"分别设为 2.5 cm、2.5 cm、3.2 cm、3.2 cm。

（2）两个矩形的插入和设置

① 在"插入"选项卡中单击"形状"下拉列表中的"矩形"按钮，并在文档中进行绘制使其与页面大小一致。也可以直接设置矩形大小为 A4 纸张大小，在"页面"选项卡设置纸张大小时，可以看到 A4 纸张宽度为 20.9 cm，高度为 29.6 cm。

② 继续选中矩形，单击"绘图工具"选项卡中的"填充"下拉按钮，在下拉列表中选择"标准色–橙色"。

③ 按照同样的方法，单击"绘图工具"选项卡中的"轮廓"下拉按钮，在下拉列表中选择"标准色–橙色"。

④ 选中橙色矩形，右击，在弹出的快捷菜单中选择"文字环绕"→"浮于文字上方"命令。

⑤ 在橙色矩形上方按与①同样的方式创建一个白色矩形，并将其"文字环绕"设置为"浮于文字上方"，"填充"和"轮廓"均设置为"主题颜色–白色，背景 1"。

⑥ 打开"简历参考样式 .jpg"图片，参照图片上的示例样式，调整页面布局。

（3）圆角矩形的插入和设置

① 单击"插入"选项卡中的"形状"下拉按钮，在下拉列表中选择"圆角矩形"，参考示例样式，在合适的位置绘制圆角矩形，参考步骤（2）中的②和③，将"圆角矩形"的"填充"和"轮廓"都设置为"标准色–橙色"。

② 选中所绘制的圆角矩形，在其中输入文字"实习经验"，并适当调整字体、字号。

③ 根据示例样式，再次绘制一个圆角矩形，选中此圆角矩形，单击"绘图工具"选项卡中的"填充"下拉按钮，在下拉列表中选择"无填充颜色"选项；单击下方的"轮廓"下拉列表中的"虚线线型"→"短划线"命令。按照同样的操作方法，将"线型"设置为 0.5 pt，将"颜色"设置为"标准色–橙色"。

④ 为了不遮挡文字，选中虚线圆角矩形，右击，在弹出的快捷菜单中选择"置于底层"→"下移一层"命令。

（4）文本框和艺术字的设置

① 单击"插入"选项卡中的"艺术字"下拉按钮,选择"填充-沙棕色,着色2,轮廓-着色2"艺术字,输入文字"张静",并调整好位置,将文本填充颜色设置为"标准色-橙色",参照示例样式调整字体、字号、位置等。

② 在"插入"选项卡中单击"文本框"下拉列表中的"横向"命令,在下方绘制一个文本框并调整好位置。

③ 在文本框上右击,在弹出的快捷菜单中选择"设置对象格式"命令,在页面右侧出现"属性"任务窗格,选中"形状选项"选项卡中"线条"下的"无线条"单选按钮。

④ 在文本框中输入示例样式中对应的文字,并调整好字体、字号和位置。

⑤ 单击"插入"选项卡中的"艺术字"下拉按钮,选择"填充-沙棕色,着色2,轮廓-着色2"艺术字,输入文字"寻求能够不断学习进步,有一定挑战性的工作",并适当调整。

⑥ 单击"文本工具"选项卡中的"文字效果"下拉按钮,在下拉列表中选择"阴影"→"外部-右下斜偏移"命令,设置艺术字阴影效果;按照同样的方法,在"文字效果"下拉列表中选择"转换"→"跟随路径-上弯弧"命令。

（5）图片的插入和裁剪

① 在"插入"选项卡中单击"图片"下拉列表中的"本地图片"按钮,弹出"插入图片"对话框,选择考生文件夹下的素材图片"1.png",单击"打开"按钮。

② 选择插入的图片,在"图片工具"选项卡中选择"环绕"下拉列表中的"浮于文字上方"命令,依照样例利用"图片工具"选项卡中的"裁剪"工具进行裁剪,并调整大小和位置。

③ 使用同样的操作方法在对应位置插入图片2.png、3.png、4.png,并调整好大小和位置。

（6）形状和关系图的使用

① 在"插入"选项卡中单击"形状"下拉列表中的"线条-箭头"按钮,在对应的位置绘制水平箭头。

② 选中水平箭头,单击"绘图工具"选项卡中的"轮廓"下拉按钮,在下拉列表中选择"标准色-橙色"和"线型-4.5磅"命令。

③ 在"插入"选项卡中单击"形状"下拉列表中的"箭头总汇-上箭头"按钮,在对应样张的位置绘制三个垂直向上的箭头。

④ 依次选中绘制的"箭头"对象,在"绘图工具"选项卡中,设置"轮廓"和"填充"均为"标准色-橙色",并调整好大小和位置。

⑤ 单击"插入"选项卡中的"智能图形"命令,在弹出的对话框中选择"流程"选项卡,选择所需图形;选中插入的图形对象,单击"绘图工具"选项卡中的"环绕"下拉列表中的"浮于文字上方"命令,单击右侧的"上移一层"按钮,在下拉列表中选择"置于顶层"命令。

⑥ 输入相应的文字,并适当调整图形的大小和位置。

⑦ 选中插入的图形对象,在"绘图工具"选项卡中选择一种形状样式。

（7）项目符号和特殊符号的使用

① 在"实习经验"矩形框中输入对应的文字,并调整好字体大小和位置。

② 分别选中"促销活动分析"等文本框的文字,单击"开始"选项卡中的"项目符号"下拉按钮,在项目符号库中选择"✔"符号。

③ 分别将光标定位在"曾任班长"等 4 处位置的起始处,在"插入"选项卡中单击"符号"下拉列表中的"其他符号"命令,弹出"符号"对话框,在其中选择五角星符号,最后单击"插入"按钮。

④ 选中所插入的五角星符号,在"文本工具"选项卡中将"文本颜色"和"文本轮廓"均设置为"标准色–红色"。

⑤ 以文件名"WPS 文字 .docx"保存文档。

4. 实训思考

(1) 如何插入各种形状?

(2) 怎样插入关系图?

(3) 如何使用项目符号和特殊符号?

实训 3　停车场收费处理

1. 实训目的

(1) 掌握单元格格式设置。
(2) 掌握套用表格格式的使用。
(3) 学会条件格式的使用。
(4) 掌握创建透视图的方法。

2. 实训内容

某停车场提供更优惠的服务,计划调整收费标准,拟从原来"不足 15 min 按 15 min 收费"调整为"不足 15 min 部分不收费"。市场部抽取了历史停车收费记录,期望通过分析预测该调整对营业额的影响。请根据"素材 .xlsx"文件中的各种表格完成此工作。具体要求如下。

(1) 将"素材 .xlsx"文件另存为"停车场收费标准调整情况分析 .xlsx",以下所有的操作基于此新文件。

(2) 在"停车收费记录"工作表中,设置涉及金额的单元格的数字格式均为带人民币符号(￥)的会计专用类型,并保留 2 位小数。

依据收费标准,利用公式将收费标准对应的金额填入"停车收费记录"表中的"收费标准"列;利用出场日期、时间与进场日期、时间的关系,计算"停放时间"列,单元格格式为时间类型的"××小时××分"。

(3) 依据停放时间和收费标准,计算当前收费金额并填入"收费金额"列;计算拟采用的收费标准的预计收费金额并填入"拟收费金额"列;计算拟调整后的收费与当前收费之间的差值并填入"差值"列。

(4) 将"停车收费记录"表中的内容套用表格格式"表样式中等深浅 12"。

(5) 在"收费金额"列中,将单次停车收费达到 100 元的单元格突出显示为黄底红字格式。

(6) 新建名为"数据透视分析"的表,在该表中创建 3 个数据透视表,起始位置分别为 A3、A11、A19 单元格。第一个透视表的行标签为"车型",列标签为"进场日期",求和项为"收费金额"，可以提供当前的每天收费情况；第二个透视表的行标签为"车型"，列标签为"进场日期"，求和项为"拟收费金额"，可以提供收费标准调整后的每天收费情况；第三个透视表的行标签为"车型"，列标签为"进场日期"，求和项为"差值"，可以提供收费标准调整后每天的收费变化情况。

3. 操作步骤

（1）将文件另存

打开"素材 .xlsx"文件，将文件另存为"停车场收费标准调整情况分析 .xlsx"文件。

（2）单元格格式的设置和函数的使用

① 按住 Ctrl 键，同时选中 E、K、L、M 列单元格，右击，在弹出的快捷菜单中选择"设置单元格格式"命令，打开"单元格格式"对话框，在"数字"选项卡中的"分类"中选择"会计专用"选项，在"小数点位数"的右侧输入"2"，在"货币符号"下拉列表中选择"¥"，单击"确定"按钮。

② 选择"停车收费记录"表中的 E2 单元格，插入 VLOOKUP 函数输入参数，或者直接在编辑栏中输入公式："= VLOOKUP（C2，收费标准！ $A$3:$B$5，2，0）"，按 Enter 键确认输入，双击 E2 单元格右下角的填充柄向下填充数据。

③ 计算停放时间。在 J2 单元格中输入公式："= DATEDIF（F2，H2，"YD"）+I2-G2"，按 Enter 键确认输入，双击 J2 单元格右下角的填充柄向下填充数据。

④ 设置时间格式。选中 J 列，右击，在弹出的快捷菜单中选择"设置单元格格式"命令，弹出"单元格格式"对话框，选择"数字"选项卡下"分类"框中的"自定义"选项，删除右侧"类型"文本框中的全部内容，然后输入："[hh]" 小时 "mm" 分 ""，单击"确定"按钮。

注意：日期有跨越 2 天或者更长时间，需要通过设定单元格格式的方法来显示正常的时间差，其中"hh"加上英文的[ ]，表示超过 24 h 的部分会以实际小时数显示，如果不加[ ]，只能显示扣除天以后的小时之差，即超过 24 h 的时间只会显示 24 h 之内的部分。

（3）公式和函数的使用

① 计算收费金额。在 K2 单元格中，输入公式："= ROUNDUP（J2*24*60/15，0）*E2"，双击填充柄，向下自动填充单元格。

注意：J2 单元格中停放时间是以天为单位的，只是通过设置数据格式显示成了"× × 小时 × × 分"，所以在计算的时候先乘以 24 转换成小时数，再乘以 60 转换成分钟，最后参与计算。

② 计算拟收费金额。在 L2 单元格中，输入公式："= ROUNDDOWN（J2*24*60/15，0）*E2"，双击填充柄，向下自动填充单元格。此处也可用 INT 函数计算，输入公式："= INT（J2*24*60/15）*E2"，注意 INT 函数只有 1 个参数。

③ 计算差值。在 M2 单元格中，输入公式："= L2-K2"，双击填充柄，向下自动填充单元格。

（4）套用表格格式

选择 A1:M550 单元格区域，单击"开始"选项卡中的"表格样式"下拉按钮，选择"中色系"样式中的"表样式中等深浅 12"，弹出"套用表格样式"对话框，选中"仅套用表格样式"单选按钮,单击"确定"按钮。

(5) 条件格式的使用

① 选中"收费金额"列 K2:K550 单元格区域,单击"开始"选项卡中的"条件格式"下拉按钮,选择"突出显示单元格规则"→"其他规则"命令。

② 打开"新建格式规则"对话框,在"只为满足以下条件的单元格设置格式"项中,依次选择"单元格值"和"大于或等于"选项,在文本框中输入"100",单击下方的"格式"按钮,打开"单元格格式"对话框,在"字体"选项卡下设置"字体颜色"为"标准颜色−红色",在"图案"选项卡下设置"单元格底纹"的"颜色"为黄色,单击"确定"按钮,返回"新建格式规则"对话框,再单击"确定"按钮。

(6) 数据透视表的创建

① 插入一个新工作表,命名为"数据透视分析",选定"停车收费记录"工作表 C1:M550 单元格区域内容。

② 单击"插入"选项卡中的"数据透视表"按钮,弹出"创建数据透视表"对话框,选择放置数据透视表的位置为"现有工作表",在下方的文本框中选择具体位置为"数据透视分析"表中的A3 单元格,单击"确定"按钮。

③ 在数据透视表编辑视图下,在"数据透视表"窗格的"字段列表"中拖曳"车型"字段到"行"列表框中,拖曳"进场日期"字段到"列"列表框中,拖曳"收费金额"到"值"列表框中。

④ 按同样的方法创建第二个数据透视表,选择放置数据表的位置为"现有工作表",具体位置为"数据透视分析"工作表中的 A11 单元格,设置行标签为"车型",列标签为"进场日期",数值项为"拟收费金额",可以提供调整收费标准后的每天收费情况。

⑤ 按同样的方法创建第三个数据透视表,选择放置数据表的位置为"现有工作表",具体位置为"数据透视分析"工作表中的 A19 单元格,设置行标签为"车型",列标签为"进场日期",数值项为"差值",可以提供收费标准调整后每天的收费变化情况。

⑥ 保存并关闭文件。

4. 实训思考

(1) ROUNDUP 和 ROUNDDOWN 函数有什么功能?

(2) 如何自定义设置时间格式?

(3) 描述 DATEDIF 函数的用法。

(4) VLOOKUP 函数有什么功能?

实训 4 绩效工资处理

1. 实训目的

(1) 掌握单元格格式设置。

(2) 掌握条件格式的应用。

(3) 掌握 DATEIF、COUNTIFS 和 VLOOKUP 函数的使用。

(4) 掌握自动筛选的操作。

(5) 掌握设置数据有效性的方法。

2. 实训内容

人事部要在年终总结前收集相关绩效评价,并制作相应的统计表和统计图,最后打印存档。打开素材文档"ET.xlsx",完成相关工作。

(1) 在"员工绩效汇总"工作表中,按要求调整各列宽度:工号为 4 个汉字、姓名为 5 个汉字、性别为 3 个汉字、学历为 4 个汉字、部门为 8 个汉字、入职日期为 6 个汉字、工龄为 4 个汉字、绩效为 4 个汉字、评价为 16 个汉字、状态为 4 个汉字。

(2) 在"员工绩效汇总"工作表中,将"入职日期"列(F2:F201 单元格区域)中的日期,统一调整成形如"2020-10-01"的数字格式。注意:年、月、日的分隔符号为短横线"-",且月和日都显示为 2 位数字。

(3) 在"员工绩效汇总"工作表中,利用"条件格式"功能,将"姓名"列(B2:B201 单元格区域)中包含重复值的单元格,突出显示为"浅红填充色深红色文本"。

(4) 在"员工绩效汇总"工作表的"状态"列(J2:J201 单元格区域)中插入下拉列表,要求下拉列表中包括"确认"和"待确认"两个选项,并且输入无效数据时显示出错警告,错误信息显示为"输入内容不规范,请通过下拉列表选择"字样。

(5) 在"员工绩效汇总"工作表的 G1 单元格上添加一个批注,内容为"工龄计算,满一年才加 1。例如:2018-11-22 入职,到 2020-10-01,工龄为 1 年。"

(6) 在"员工绩效汇总"工作表的"工龄"列(G2:G201 单元格区域)的空白单元格中,输入公式,使用函数 DATEDIF 计算截至今日的"工龄"。注意:每满一年工龄加 1,"今日"指每次打开本表格文件的动态时间。

(7) 打开"绩效后台数据 .txt"文件,完成下列任务。

① 复制"绩效后台数据 .txt"文件中的全部内容,粘贴到"Sheet3"工作表中以 A1 单元格为左上角的单元格区域,将"工号""姓名""级别""本期绩效""本期绩效评价"的内容,依次拆分到 A 到 E 列中。注意:拆分列的过程中,要求将"级别"(C 列)的数据类型指定为"文本"。

② 使用包含查找引用类函数的公式,在"员工绩效汇总"工作表的"绩效"列(H2:H201 单元格区域)和"评价"列(I2:I201 单元格区域)中,按"工号"引用"Sheet3"工作表中对应记录的"本期绩效""本期绩效评价"数据。

(8) 为方便在"员工绩效汇总"工作表中查看数据,请设置在滚动翻页时,标题行(第一行)始终显示。

(9) 为节约打印纸张,请对"员工绩效汇总"工作表进行打印缩放设置,确保纸张打印方向保持为纵向的前提下,实现将所有列打印在一页。

(10) 在"统计"工作表的 B2 单元格中输入公式,统计"员工绩效汇总"工作表中研发中心博士后的人数。然后,复制 B2 单元格中的公式并粘贴到 B2:G4 单元格区域(注意单元格引用方式),统计出研发中心、生产部、质量部这三个主要部门中不同学历的人数。

(11) 在"统计"工作表中,根据"部门"的"(合计)"数据,按下列要求制作图表。

① 对三个部门的总人数做一个对比饼图,插入在"统计"工作表中。

② 在饼图中,需要显示 3 个部门的图例。

③ 每个部门对应的扇形,需要以百分比的形式显示数据标签。

(12) 对"员工绩效汇总"工作表的数据列表区域设置自动筛选,并把"姓名"中姓"陈"和姓"张"的名字同时筛选出来。

3. 操作步骤

(1) 调整列宽

① 打开"ET.xlsx"文件。

② 选中"工号"列,右击,在弹出的快捷菜单中选择"列宽"命令,打开"列宽"对话框,在"列宽"微调框中输入"8",单击"确定"按钮。

③ 用同样的方法设置其他列列宽(1 个汉字为 2 个字符宽)。

(2) 设置单元格格式

① 选中 F2:F201 单元格区域。

② 右击,在弹出的快捷菜单中选择"设置单元格格式"命令,弹出"单元格格式"对话框。

③ 切换到"数字"选项卡,设置"分类"为"自定义",在"类型"中输入"yyyy-mm-dd",单击"确定"按钮。

（3）条件格式的使用

① 选中 B2∶B201 单元格区域。

② 单击"开始"选项卡中的"条件格式"下拉按钮,选择"突出显示单元格规则"→"重复值"命令,弹出"重复值"对话框,保持默认参数不变,单击"确定"按钮。

（4）设置数据有效性

① 选中 J2∶J201 单元格区域。

② 单击"数据"选项卡中的"有效性"下拉按钮,在下拉列表中选择"有效性"命令。

③ 弹出"数据有效性"对话框,将"允许"项设置为"序列",在"来源"项中输入"确认,待确认"（注意在英文状态下输入逗号）。

④ 切换到"出错警告"选项卡,将"样式"项设置为"警告",在"错误信息"列表框中输入"输入内容不规范,请通过下拉列表选择",单击"确定"按钮。

（5）添加批注

① 选中 G1 单元格。

② 单击"审阅"选项卡中的"新建批注"按钮,在插入的批注框中输入"工龄计算,满一年才加 1。例如,2018-11-22 入职,到 2020-10-01,工龄为 1 年。"

（6）DATEDIF 函数的使用

① 在 G2 单元格中输入公式"= DATEDIF（F3,TODAY（ ）,"y"）",按 Enter 键。

② 双击右下角的填充柄完成整列填充。

注意∶第三个参数为 y,表示计算两个日期之间的年数。

（7）导入数据和 VLOOKUP 函数的使用

① 导入数据。

a. 将光标移至 Sheet3 工作表的 A1 单元格中,在"数据"选项卡中选择"导入数据"→"导入数据"命令,在弹出的"WPS 表格"对话框中单击"确定"按钮,在弹出的"第一步∶选择数据源"对话框中单击"选择数据源"按钮,弹出"打开"对话框,选择"绩效后台数据.txt"文件,单击"打开"按钮。

b. 弹出"文件转换"对话框,单击"下一步"按钮,单击"文本导入向导-3 步骤之 1"对话框下方的"下一步"按钮,选中"文本导入向导-3 步骤之 2"对话框中的"逗号"复选框,单击"下一步"按钮。

c. 在"文本导入向导-3 步骤之 3"对话框的"数据预览"中,选中"文本"列,将上方的"列数据类型"选择为"文本",单击"完成"按钮。

② VLOOKUP 函数使用。

a. 在"员工绩效汇总"工作表的 H2 单元格中输入公式"= VLOOKUP（A2,Sheet3!$A$2∶$D$201,4,0）",按 Enter 键,双击右下角的填充柄完成整列填充。

b. 在 I2 单元格中输入公式"= VLOOKUP（A2,Sheet3!$A$2∶$E$201,5,0）",按 Enter 键,双击右下角的填充柄完成整列填充。

（8）设置冻结窗格

在"员工绩效汇总"工作表中，单击"视图"选项卡中的"冻结窗格"下拉按钮，选择"冻结首行"命令。

（9）设置打印缩放

单击"页面"选项卡中的"打印缩放"下拉按钮，选中"将所有列打印在一页"命令，默认"纸张方向"为"纵向"。

（10）COUNTIFS 函数

① 在"统计"工作表的 B2 单元格中，输入公式"＝COUNTIFS（员工绩效汇总!$E$2:$E$201，$A$2，员工绩效汇总!$D$2:$D$201，B1）"，按 Enter 键；在"统计"工作表的 B3 单元格中输入公式"＝COUNTIFS（员工绩效汇总!$E$2:$E$201，$A$3，员工绩效汇总!$D$2:$D$201，B1）"，按 Enter 键；在"统计"工作表的 B4 单元格中输入公式"＝COUNTIFS（员工绩效汇总!$E$2:$E$201，$A$4，员工绩效汇总!$D$2:$D$201，B1）"，按 Enter 键。

② 选中 B2:B4 单元格区域，将鼠标指针移动到 B4 单元格右下角位置，当指针变为黑色十字时，按住鼠标左键不放向右拖动填充句柄到 G4 单元格，然后释放鼠标左键。

（11）设置图表

① 同时选中"统计"工作表中的 A2:A4 和 H2:H4 单元格区域，单击"插入"选项卡中的"插入饼图或圆环图"下拉列表，单击"饼图"按钮。

② 选中图表，单击"图表工具"选项卡中的"添加元素"下拉按钮，选择"图例"→"底部"命令。

③ 选中图表，单击"图表工具"选项卡中的"添加元素"下拉按钮，选择"数据标签"→"居中"命令，选中插入的数据标签，单击"设置格式"按钮，在右侧出现"属性"任务窗格，在"标签选项"组中选中"百分比"复选框，取消选中"值"复选框。

（12）自动筛选

① 选中 A1:J201 单元格区域，在"开始"选项卡中选择"筛选"→"筛选"命令，此时第 1 行各单元格右侧均出现下拉箭头。

② 单击 B1 单元格右侧的下拉箭头，在出现的列表框中选择"文本筛选"→"自定义筛选"命令，弹出"自定义自动筛选方式"对话框，将第一个下拉框设置为"开头是"选项，在其右侧输入"陈"，选中"或"单选按钮，将第二个下拉框设置为"开头是"选项，在其右侧输入"张"，单击"确定"按钮。

③ 保存并关闭"E1.xlsx"文件。

4. 实训思考

（1）什么是条件格式？怎样设置？

（2）如何导入外部数据？

（3）用哪些函数计算年龄和工龄？

实训 5 课件制作

1. 实训目的

(1) 掌握文本内容升级、降级的设置。

(2) 学会编辑母版的操作。

(3) 学会设置幻灯片背景。

(4) 掌握幻灯片切换操作。

(5) 掌握动画效果设置。

(6) 掌握幻灯片超链接的操作。

(7) 学会智能图形的设置。

2. 实训内容

李老师为上课准备演示文稿,内容涉及 10 个成语,第 3~12 张幻灯片(共 10 页)中的每一页都有一个成语,且每个成语都包括:成语本身、读音、出处和释义 4 个部分。现在发现制作的演示文稿还有一些问题,打开素材文档"wpp.pptx"帮助李老师进行修改。

(1) 为了体现内容的层次感,将第 3~12 张幻灯片中的读音、出处和释义 3 部分文本内容都降一级。

(2) 按以下要求编辑母版,完成对"标题和内容"版式的样式修改。

① 将母版标题样式设置为"标准色–蓝色",居中对齐,其余参数取默认值。

② 将母版文本样式设置为隶书,32 pt,其余参数取默认值。

③ 将第二级文本样式设置为楷体,28 pt,其余参数取默认值。

(3) 在标题为"成语内容提纲"的幻灯片(即第 2 张幻灯片)中,为文本"与植物有关的成语"设置如下动画效果。

① 进入时为"飞入"效果,且飞入方向为"自右下部"。

② 飞入速度为"中速"。

③ 飞入时的"动画文本"选择"按字母"发送,且将"字母之间延迟"的百分比更改为"50%"。

④ 飞入时伴有"打字机"声音效果。

（4）为了达到更好的演示效果，需要在讲完所有"与植物有关的成语"后，跳转回标题为"成语内容提纲"的幻灯片，并由此可以跳转到"与动物有关的成语"的开始页。具体要求如下。

① 在标题为"与植物有关的成语（5）"幻灯片的任意位置插入一个"后退或前一项"的动作按钮，将其动作设置为"超链接到"标题为"成语内容提纲"的幻灯片。

② 在标题为"成语内容提纲"的幻灯片中，为文本"与动物有关的成语"设置超链接，超链接将跳转到标题为"与动物有关的成语（1）"的幻灯片，且将"超链接颜色"设为"标准颜色-红色"，"已访问超链接颜色"设为"标准颜色-蓝色"，且设为"链接无下划线"。

（5）将所有幻灯片的背景设置为"纹理填充"，且填充纹理为"纸纹 2"。

（6）设置切换方式，使全部幻灯片在放映时均采用"百叶窗"方式切换。

（7）在标题为"学习总结"的幻灯片中，少总结了 2 个成语，按以下要求将它们添加。

① 将"藕断丝连"加入到"与植物有关"组中，放在最下面，与"柳暗花明"等 4 个成语并列，且将其字体设置为仿宋、32 pt。

② 将"闻鸡起舞"加入到"与动物有关"组中，放在最下面，与"老马识途"等 4 个成语并列，且将其字体设置为仿宋、32 pt。

3. 操作步骤

（1）降级

打开素材文档"wpp.pptx"，选中第 3 张幻灯片中的读音、出处和释义 3 部分文本内容，在"文本工具"上下文选项卡中单击"增加缩进量"按钮▼。用同样的方法设置另外 9 张幻灯片的读音、出处和释义 3 部分文本内容。

（2）编辑母版

① 单击"视图"选项卡中的"幻灯片母版"按钮，选中"标题和内容"版式，再选中标题文本框内容，在"文本工具"选项卡中，将"字体颜色"设置为"标准色-蓝色"，单击"居中对齐"按钮，选中文字"单击此处编辑母版文本样式"，在"文本工具"选项卡中，将"字体"设置为"隶书"，将"字号"设置为"32"，选中文字"第二级"，在"文本工具"选项卡中，将"字体"设置为"楷体"，将"字号"设置为"28"。

② 单击"幻灯片母版"选项卡中的"关闭"按钮。

（3）设置动画效果

① 单击第二张幻灯片，选中文字"与植物有关的成语"，在"动画"选项卡中，选择"进入-飞入"效果，单击"自定义动画"按钮，在右侧出现的"自定义动画"任务窗格中，将"方向"设置为"自右下部"，将"速度"设置为"中速"。

② 右击下方列表框的"与植物有关的成语"，在弹出的菜单中选择"效果选项"命令，打开"飞入"对话框，将"动画文本"设置为"按字母"，在"字母之间延迟"微调框中输入"50.00"，将"声

音"设置为"打字机",单击"确定"按钮。

(4) 设置超链接

① 选中第 7 张幻灯片,单击"插入"选项卡中的"形状"下拉按钮,在下拉列表中选择"动作按钮−后退或前一项"按钮,在合适的位置绘制动作按钮,弹出"动作设置"对话框,将"超链接到"设置为"幻灯片…",弹出"超链接到幻灯片"对话框,将"幻灯片标题"设置为"2.成语内容提纲",依次单击"确定"按钮。

② 选中第 2 张幻灯片的文本"与动物有关的成语",右击,在弹出的菜单中选择"超链接"命令,弹出"插入超链接"对话框,选择"本文档中的位置"选项,将"请选择文档中的位置"设置为"8.与动物有关的成语(1)",单击下方的"超链接颜色"按钮,弹出"超链接颜色"对话框,将"超链接颜色"设置为"标准颜色−红色",将"已访问超链接颜色"设置为"标准颜色−蓝色",选中"链接无下划线"单选按钮,依次单击"应用到当前"和"确定"按钮。

(5) 设置背景

单击"设计"选项卡中的"背景"下拉按钮,在下拉列表中选择"背景"命令,打开"对象属性"任务窗格,选中"图片或纹理填充"单选按钮,将"纹理填充"设置为"纸纹 2",单击下方的"全部应用"按钮。

(6) 设置幻灯片切换方式

在"切换"选项卡中选择"百叶窗"切换方式,单击"应用到全部"按钮。

(7) 设置智能图形

① 选择第 13 张幻灯片,单击"与植物有关",选择"添加项目"→"在下方添加项目"命令,在插入的智能图形中输入"藕断丝连",选中"藕断丝连",在"开始"选项卡中将"字体"设置为"仿宋",将"字号"设置为"32"。用同样的方法插入"闻鸡起舞"。

② 保存并关闭演示文稿。

4. 实训思考

(1) 怎样编辑幻灯片母版?

(2) 怎样设置幻灯片背景?

练 习 篇

练习1　计算机与信息社会

一、选择题

1. 下列不属于计算机特点的是(　　)。
   A. 存储程序和程序控制,工作自动化
   B. 具有逻辑推理和判断能力
   C. 处理速度快、存储量大
   D. 工作可靠、基本不出故障

2. 世界上公认的第一台电子计算机诞生于(　　)。
   A. 1945 年　　　　B. 1946 年　　　　C. 1951 年　　　　D. 1958 年

3. 世界上第一台计算机的名称是(　　)。
   A. ENIAC　　　　B. APPLE　　　　C. UNIVAC-I　　　　D. IBM-7000

4. 下列关于世界上第一台电子计算机的叙述中,错误的是(　　)。
   A. 它是 1946 年在美国诞生的
   B. 它的主要元件是电子管和继电器
   C. 它是首次采用存储程序和程序控制概念的计算机
   D. 它主要用于弹道计算

5. 冯·诺依曼对现代计算机的主要贡献是(　　)。
   A. 设计了差分机
   B. 设计了分析机
   C. 建立了电子计算机的理论模型
   D. 确立了电子计算机的基本体系结构

6. 1946 年首台电子数字计算机问世后,冯·诺依曼(von Neumann)在研制 EDVAC 计算机时,提出两个重要的改进,它们是(　　)。
   A. 采用二进制以及存储程序和程序控制的概念
   B. 采用机器语言和十六进制
   C. 引入 CPU 和内存储器的概念

D. 采用 ASCII 编码系统

7. 冯·诺依曼体系结构计算机的基本思想之一是(　　　)。

    A. 计算精度高　　　　　　　　　　　　B. 存储程序和程序控制

    C. 处理速度快　　　　　　　　　　　　D. 可靠性高

8. 计算机之所以能按人们的意图自动进行工作,最直接的原因是采用了(　　　)。

    A. 二进制　　　　　　　　　　　　　　B. 高速电子元件

    C. 程序设计语言　　　　　　　　　　　D. 存储程序和程序控制

9. 关于存储程序,以下说法不正确的是(　　　)。

    A. 将"指令"和"数据"以同等地位保存在存储器中,以便于计算机自动读取自动处理

    B. 为使计算机能够连续自动地执行程序中的指令,所以要存储程序

    C. 依据存储程序原理,机器由四大部分构成:运算器、存储器、输入设备和输出设备

    D. 冯·诺依曼计算机的本质就是存储程序、连续自动执行

10. 第一台存储程序的电子计算机是(　　　)计算机。

    A. ENIAC　　　　　　B. EDVAC　　　　　　C. MARKI　　　　　　D. UNIVAC

11. 早期的计算机是用来进行(　　　)。

    A. 科学计算　　　　　B. 系统仿真　　　　　C. 自动控制　　　　　D. 动画设计

12. 下列计算机应用项目中,属于科学计算应用领域的是(　　　)。

    A. 人机对弈　　　　　B. 民航联网订票系统　　C. 天气预报　　　　　D. 数控机床

13. 用计算机进行资料检索工作是属于计算机在(　　　)领域的应用。

    A. 现代科学计算　　　　　　　　　　　B. 数据处理

    C. 过程实时控制　　　　　　　　　　　D. 人工智能

14. 计算机发展的方向是巨型化、微型化、网络化和智能化,其中"巨型化"是指(　　　)。

    A. 体积大

    B. 质量大

    C. 功能更强、运算速度更快、存储容量更大

    D. 外部设备更多

15. 用电子管作为电子器件制成的计算机属于(　　　)。

    A. 第一代　　　　　　B. 第二代　　　　　　C. 第三代　　　　　　D. 第四代

16. 第二代电子计算机使用的电子元件是(　　　)。

    A. 晶体管　　　　　　　　　　　　　　B. 电子管

    C. 中、小规模集成电路　　　　　　　　D. 大规模和超大规模集成电路

17. 第三代计算机的逻辑元件主要是(　　　)。

    A. 集成电路　　　　　　　　　　　　　B. 大规模超大规模集成电路

    C. 电子管　　　　　　　　　　　　　　D. 晶体管

18. 第四代计算机中主要使用的电子器件是(　　　)。

.

    A. 晶体管   B. 电子管

    C. 小规模集成电路   D. 大规模和超大规模集成电路

19. 人们应具备的三大思维能力是指(　　　)。

    A. 逆向思维、演绎思维和发散思维   B. 实证思维、逻辑思维和计算思维

    C. 抽象思维、逻辑思维和形象思维   D. 实验思维、理论思维和辩证思维

20. 2010—2015 年连续 6 届位居全球高性能计算机 TOP 500 强榜首的计算机为(　　　)。

    A. 银河一号   B. 天河一号   C. 天河二号   D. 神威·太湖之光

21. 2016—2017 年连续 4 次位居全球高性能计算机 TOP 500 强榜首的计算机为(　　　)。

    A. 银河一号   B. 天河一号   C. 天河二号   D. 神威·太湖之光

22. 国产天河二号电子计算机属于(　　　)。

    A. 工作站   B. 微型计算机   C. 嵌入式计算机   D. 高性能计算机

23. 下列关于可计算性的说法中,错误的是(　　　)。

    A. 所有问题都是可计算的

    B. 图灵机可以计算的问题是可计算的

    C. 图灵机与现代计算机在功能上是相似的

    D. "一个问题是可计算的"是指可以使用计算机在有限步骤内解决

24. 下面关于图灵机的说法,正确的是(　　　)。

    A. 图灵机是世界上最早的电子计算机

    B. 由于大量使用磁带操作,图灵机运行速度很慢

    C. 图灵机只是一个理论上的计算模型

    D. 图灵机曾用于火炮弹道计算

25. 图灵机由四部分组成,分别是一条无限长的纸带、一个读写头、(　　　)和一个状态寄存器。

    A. 一个控制器   B. 一套控制规则表   C. 一个读写器   D. 一个纸带机

26. 计算机的自动化操作是由它的(　　　)决定的。

    A. 二进制运算原理   B. 通用分析机原理

    C. 实时控制原理   D. 存储程序工作原理

27. 我国第一台电子计算机诞生于(　　　)年。

    A. 1971   B. 1965   C. 1958   D. 1946

28. 计算机科学领域的最高奖项是(　　　)。

    A. 诺贝尔奖   B. 菲尔兹奖   C. 图灵奖   D. 阿贝尔奖

二、判断题

1. 计算机分为超大规模集成电路计算机、晶体管计算机、电子管计算机、真空管计算机四代。

2. 现在我们普遍使用的计算机是第五代计算机。

3. 现代计算机之所以能够自动、连续地进行数据处理,主要是因为具有存储程序的功能。

4. 计算机的主要特点是运算速度快、自动控制、可靠性高。

5. 现代计算机采用二进制数的主要原因是二进制数易于用电路的状态表示,而且运算规则简单。

6. 第四代计算机的一个重要标志是微处理器和微型计算机的诞生。

7. 目前电子计算机仍采用冯·诺依曼体系结构

8. 量子计算机"九章"是一台通用计算机。

9. 1958 年中国科学院计算所研制成功我国第一台小型电子管通用计算机 103 机,标志着我国第一台电子计算机的诞生。

10. 神威·太湖之光的峰值计算速度达到每秒 12.5 亿亿次,是全球首个突破 10 亿亿次的高性能计算机。

11. 以计算机为工具实现符号变换的过程都称为计算(computing)。

12. 在计算机科学领域,计算是一种符号变换。

13. 图灵机由一条无限长的纸带、一个读写头、一套控制规则表及一个状态寄存器组成,其中的控制规则表相当于我们现在的计算机程序。

14. 图灵机可以通过变化它的控制规则表来完成任何复杂的计算。

15. 图灵机不是一种具体的机器,而是一种思想模型。

16. 运算过程自动化是计算机的突出特点之一。

17. 计算思维是运用计算机科学的基础概念进行问题求解、系统设计以及人类行为理解等涵盖计算机科学之广度的一系列思维活动。

18. 计算机能解决任何问题。

19. 计算思维就是要像计算机一样思考问题。

20. 掌握计算思维的方法能让计算工具的使用更有技巧、更有效率。

三、填空题

1. _____是一种依据一定的法则对有关符号串进行变换的过程。

2. 第一台电子计算机是_____年诞生的。

3. 世界上第一台通用电子数字计算机 ENIAC 采用的主要逻辑元件是_____。

4. 图灵在论文"论可计算数及其在判断问题中的应用"中提出了一个假设模型,证明了任意复杂的计算都能通过一个个简单的操作完成,从而从理论上证明了"无限复杂计算"的可能性,给计算机的诞生提供了理论基础。人们把这个模型称为_____。

5. 计算机科学领域的最高奖项是_____。

6. 冯·诺依曼关于通用电子计算机方案的报告提出了计算机的基本工作原理应该是_____和程序控制。

7. 冯·诺依曼结构计算机中数据采用_____表示。

8. 1945 年冯·诺依曼提出的计算机的_____奠定了现代计算机的发展基础,至今仍然沿用。

9. 第一台电子计算机当时主要用于_____。

10. 第四代计算机的重要标志是微处理器和_____的诞生。

11. 大规模和超大规模集成电路芯片组成的微型计算机属于现代计算机阶段的第_____代。

12. 第二代计算机采用的主要元件是_____。

13. 第三代计算机也称为_____计算机时代。

14. 在我国研制的高性能计算机中,曾经连续 6 届在全球高性能计算机 500 强排行榜上夺冠的是_____。

15. 计算机的发展趋势是巨型化、网络化、微型化、_____。

16. 微型计算机也称为_____,主要特点是体积小、重量轻、功耗低、价格便宜。

17. 遵循量子力学规律进行高速运算、存储及处理量子信息的机器,称为_____。

18. 光子计算机用_____代替电子进行数据运算、传输和存储。

19. 计算思维的本质是抽象和_____。

20. 科学思维包括逻辑思维、实证思维和_____思维。

四、参考答案

(一) 选择题

1. D	2. B	3. A	4. C	5. D
6. A	7. B	8. D	9. C	10. B
11. A	12. C	13. B	14. C	15. A
16. A	17. A	18. D	19. B	20. C
21. D	22. D	23. A	24. C	25. B
26. D	27. C	28. C		

(二) 判断题

1. ×	2. ×	3. √	4. √	5. √
6. √	7. √	8. ×	9. √	10. √
11. √	12. √	13. √	14. √	15. √
16. √	17. √	18. ×	19. ×	20. √

(三) 填空题

1. 计算	2. 1946

3. 电子管

4. 图灵机

5. 图灵奖

6. 存储程序

7. 二进制

8. 体系结构

9. 科学计算

10. 微型计算机

11. 四

12. 晶体管

13. 集成电路

14. 天河二号

15. 智能化

16. 个人计算机

17. 量子计算机

18. 光束

19. 自动化

20. 计算

练习2　计算机系统

一、选择题

1. 计算机的硬件主要包括运算器、(　　)、存储器、输入设备、输出设备。

　　A. 控制器　　　　　B. 显示器　　　　　C. 磁盘驱动器　　　　D. 打印机

2. 运算器的功能是(　　)。

　　A. 只进行逻辑运算　　　　　　　　　B. 可以进行算术运算或逻辑运算

　　C. 只进行算术运算　　　　　　　　　D. 做初等函数的计算

3. 控制器的功能是(　　)。

　　A. 指挥、协调计算机各部件工作　　　B. 进行算术运算和逻辑运算

　　C. 存储数据和程序　　　　　　　　　D. 控制数据的输入和输出

4. CPU 由运算器和(　　)组成。

　　A. 控制器　　　　　B. 存储器　　　　　C. 寄存器　　　　　　D. 编辑器

5. 下列叙述中,正确的是(　　)。

　　A. CPU 能直接读取硬盘上的数据　　　B. CPU 能直接与内存储器交换数据

　　C. CPU 由存储器和控制器组成　　　　D. CPU 主要用来存储程序和数据

6. 计算机的内存储器由(　　)组成。

　　A. RAM　　　　　　B. ROM　　　　　　C. RAM 和硬盘　　　D. RAM 和 ROM

7. 下列叙述中,错误的是(　　)。

　　A. 内存储器一般由 ROM 和 RAM 组成

　　B. RAM 中存储的数据一旦断电就全部丢失

　　C. U 盘的存取速度比硬盘的存取速度快

　　D. 存储在 ROM 中的数据可以永久保存,断电后也不会丢失

8. Cache 的中文名称是(　　)。

　　A. 缓冲器　　　　　B. 只读存储器　　　C. 高速缓冲存储器　　D. 可编程只读存储器

9. 在现代的 CPU 芯片中又集成了高速缓冲存储器(Cache),其作用是(　　)。

　　A. 扩大内存储器的容量

B. 解决 CPU 与 RAM 之间的速度不匹配问题

C. 解决 CPU 与打印机之间的速度不匹配问题

D. 保存当前的状态信息

10. 下列各存储器中,存取速度最快的是(　　　)。

　　A. CD-ROM　　　　B. 内存储器　　　　　　C. U 盘　　　　　　　D. 硬盘

11. 在计算机中,衡量存储器空间大小的基本单位是(　　　)。

　　A. 字节(byte)　　B. 二进位(bit)　　　　C. 字(word)　　　　　D. 半字

12. 在微机中,1 GB 的准确值等于(　　　)。

　　A. 1 024×1 024 B　　　　　　　　　B. 1 024 KB

　　C. 1 024 MB　　　　　　　　　　　　D. 1 000×1 000 KB

13. 下列不是度量存储器容量的单位是(　　　)。

　　A. KB　　　　　　　B. MB　　　　　　　　C. GHz　　　　　　　D. GB

14. 在计算机存储器中,一个字节由(　　　)个二进制位组成。

　　A. 4　　　　　　　　B. 8　　　　　　　　　C. 16　　　　　　　　D. 32

15. 微型计算机的内存储器是(　　　)。

　　A. 按二进制位编址　　　　　　　　B. 按字节编址

　　C. 按字长编址　　　　　　　　　　D. 按十进制位编址

16. 用 GHz 来衡量计算机的性能,它指的是计算机的(　　　)。

　　A. CPU 的主频　　　　　　　　　B. 存储容量

　　C. 字长　　　　　　　　　　　　　D. CPU 运算速度

17. 一台微型计算机性能的好坏,主要取决于(　　　)。

　　A. 内存储器的容量大小　　　　　　B. CPU 的性能

　　C. 显示器的分辨率高低　　　　　　D. 硬盘的容量

18. 用 MIPS 来衡量计算机的性能,它指的是计算机的(　　　)。

　　A. 传输速率　　　B. 存储容量　　　C. 字长　　　　　D. 运算速度

19. 字长是 CPU 的主要性能指标之一,它表示(　　　)。

　　A. CPU 一次能处理二进制数据的位数　B. 最长的十进制整数的位数

　　C. 最大的有效数字位数　　　　　　D. 有效数字位数

20. 键盘属于(　　　)。

　　A. 输出设备　　　B. 存储设备　　　C. 输入设备　　　D. 控制设备

21. 显示器分辨率一般用(　　　)表示。

　　A. 能显示多少个字符　　　　　　B. 能显示的信息量

　　C. 横向像素点 × 纵向像素点　　　D. 能显示的颜色数

22. 一般为了提高屏幕输出图像的质量,可进行如下处理(　　　)。

　　A. 提高显示器的分辨率　　　　　　B. 在显示属性中改变颜色数

    C. 减少程序的运行　　　　　　　　　　D. 增加系统的内存

23. 微型计算机总线由三部分组成,它包括(　　　)。

    A. 数据总线、传输总线和通信总线　　　B. 地址总线、逻辑总线和信号总线

    C. 控制总统、地址总线和运算总线　　　D. 数据总线、地址总线和控制总线

24. 计算机软件由(　　　)组成。

    A. 系统软件和应用软件　　　　　　　　B. 编辑软件和应用软件

    C. 数据库软件和工具软件　　　　　　　D. 程序和相应文档

25. 在计算机系统软件中,最核心的软件是(　　　)。

    A. 数据库系统　　　　　　　　　　　　B. 程序语言处理系统

    C. 操作系统　　　　　　　　　　　　　D. 系统维护工具

26. 高级语言的编译程序属于(　　　)。

    A. 专用软件　　　B. 应用软件　　　　C. 通用软件　　　　　D. 系统软件

27. 一条计算机指令包括两个部分,它们是(　　　)。

    A. 源操作数和目标操作数　　　　　　　B. 操作码和操作数

    C. 数据和文字　　　　　　　　　　　　D. ASCII 码和汉字机内码

28. 一个完整的计算机系统应该包括(　　　)。

    A. 主机、键盘和显示器　　　　　　　　B. 硬件系统和软件系统

    C. 主机和它的外部设备　　　　　　　　D. 系统软件和应用软件

29. 计算机内所有的指令构成了(　　　)。

    A. 计算机的指令系统　　　　　　　　　B. 计算机的控制系统

    C. 计算机的操作系统　　　　　　　　　D. 计算机的操作规范

30. WPS Office 软件属于(　　　)。

    A. 管理软件　　　B. 网络软件　　　　C. 应用软件　　　　　D. 系统软件

31. 计算机的 CPU 每执行(　　　)就完成一步基本操作。

    A. 一条语句　　　B. 一条指令　　　　C. 一个程序　　　　　D. 一套软件

32. 关于硬件系统和软件系统的概念,下列叙述不正确的是(　　　)。

    A. 计算机硬件系统的基本功能是接收计算机程序,并在程序控制下完成计算任务

    B. 软件系统建立在硬件系统的基础上,它使硬件功能得以充分发挥,并为用户提供一
      个操作方便的环境

    C. 没有装配软件系统的计算机不能做任何工作,没有实际的使用价值

    D. 一台计算机只要装入系统软件后,即可进行文字处理或数据处理工作

33. 人们针对某一任务而为计算机编制的指令序列称为(　　　)。

    A. 软件　　　　　B. 程序　　　　　　C. 命令　　　　　　　D. 文件系统

34. 采用虚拟内存的目的是(　　　)。

    A. 提高主存的速度　　　　　　　　　　B. 扩大外存的容量

C. 扩大内存的寻址空间　　　　　　　D. 提高外存的速度

二、判断题

1. 计算机区别于其他计算工具的本质特点是存储程序。

2. 计算机系统由 CPU、存储器、输入输出设备组成。

3. CPU 的中文名称是中央处理器。

4. 运算器是完成算术运算和逻辑操作的核心处理部件,通常称为 CPU。

5. 内存储器按工作方式可分为随机存取存储器、只读存储器两类。

6. 半导体动态 RAM 是易失的,而静态 RAM 存储的信息即使切断电源也不会丢失。

7. 高速缓冲存储器(cache)用于 CPU 与内存储器之间进行数据交换的缓冲,其特点是速度快,但容量小。

8. 外存储器用于存储当前不参与运行或需要长久保存的程序和数据,其特点是存储容量大、价格低,但与内存储器相比,其存取速度较慢。

9. 任何程序都必须加载到硬盘中才能被 CPU 执行。

10. 就存取速度而言,内存比硬盘快,硬盘比 U 盘快。

11. 内存储器是主机的一部分,可与 CPU 直接互换信息,存取速度快,但价钱较贵。

12. 在计算机中,1 000 K 字节称为 1 MB。

13. 由于某种原因,计算机突然"死机",重新启动后硬盘中的信息将全部消失。

14. 键盘是输入设备,但显示器上所显示的内容既有计算机运行的结果也有用户从键盘输入的内容,所以显示器既是输入设备又是输出设备。

15. 打印机是输入设备。

16. 鼠标既是输入设备又是输出设备。

17. 微处理器的主频(时钟频率)越高,运算速度越快。

18. 字长是衡量计算机精度和运算速度的主要技术指标之一。

19. 根据传递信息的种类不同,微型计算机系统总线可分为地址总线、控制总线和数据总线。

20. MIPS 可以用作存储容量单位。

21. Python 语言编写的程序是系统软件。

22. WPS Office 是国产办公软件套装,属于应用软件。

三、填空题

1. 计算机系统由_____和_____两大部分组成。

2. 计算机硬件的五大基本部件包括运算器、_____、存储器、输入设备、输出设备。

3. 计算机内进行算术与逻辑运算的功能部件是_____。

4. 在微型计算机中,只能从 ROM _____ 信息,不能向其写入信息。

5. 计算机内存储器分为 ROM 和 RAM,其中存放在 _____ 上的信息将随着断电而消失,因此在关机前,应把信息先存到外存。

6. 存储器被划分成许多存储单元,每个存储单元都被赋予一个唯一的编号,这个编号被称为存储单元的 _____。

7. 在微型计算机中,通常采用层次结构的存储体系的层级为:寄存器、_____、内存储器和外存储器。

8. 内存储器与外部设备之间的数据传送操作称为 _____ 操作。

9. 输入设备的作用是从外界将数据、程序输入到计算机 _____ 中,而输出设备的作用是将操作结果转换成外界能使用的数字、文字、图形和声音等。

10. 计算机工作时,有两种信息在执行指令过程中流动: _____ 和控制流。

11. 输入设备、输出设备和外存储器合称为 _____。

12. 按软件的功能来分,软件可分为系统软件和 _____ 两大类。

13. 系统软件通常包括 _____、语言处理程序、数据库管理系统和支撑软件。

14. 以二进制编码表示的指令称为机器指令,它通常包括两个部分, _____ 表示计算机执行什么操作,操作数指明参加操作的数的本身或操作数的地址。

15. 指令的执行过程包括 _____、分析指令和执行指令。

16. 总线包括数据总线、 _____ 总线、控制总线三种。

17. CPU 与其他部件之间交换数据是通过 _____ 总线实现的。

四、参考答案

(一) 选择题

1. A	2. B	3. A	4. A	5. B
6. D	7. C	8. C	9. B	10. B
11. A	12. C	13. C	14. B	15. B
16. A	17. B	18. D	19. A	20. C
21. C	22. A	23. D	24. A	25. C
26. D	27. B	28. B	29. A	30. C
31. B	32. D	33. B	34. C	

(二) 判断题

1. √	2. ×	3. √	4. ×	5. √
6. ×	7. √	8. √	9. ×	10. √

11. √　　12. ×　　13. ×　　14. ×　　15. ×

16. ×　　17. √　　18. √　　19. √　　20. ×

21. ×　　22. √

(三) 填空题

1. 硬件,软件　　　　　　　　2. 控制器

3. 运算器　　　　　　　　　　4. 读取

5. RAM　　　　　　　　　　　6. 地址

7. 高速缓冲存储器或高速缓存或 Cache　　8. 输入输出

9. 内存或内存储器　　　　　　10. 数据流

11. 外部设备或外设　　　　　　12. 应用软件

13. 操作系统　　　　　　　　　14. 操作码

15. 取指令　　　　　　　　　　16. 地址

17. 数据

练习3　数据在计算机中的表示

一、选择题

1. 若某种进位计数制中使用 r 个符号$(0,1,2,\cdots,r-1)$,则称 r 为该进位计数制的(　　)。
   A. 位权　　　　　　B. 基数　　　　　　C. 数码　　　　　　D. 进位

2. 十进制数 73 转换成二进制数是(　　)。
   A. 1001001　　　B. 1010011　　　C. 0110101　　　D. 1101011

3. 二进制数 1110111.11 转换成十六进制数是(　　)。
   A. 77.C　　　　　B. 77.3　　　　　C. E7.C　　　　　D. E7.3

4. 十进制数 1385 转换成十六进制数为(　　)。
   A. 586　　　　　　B. 569　　　　　　C. D85　　　　　　D. D55

5. 十六进制数 FF.1 转换成十进制数是(　　)。
   A. 255.0625　　B. 255.125　　　C. 127.0625　　D. 127.125

6. 十六进制数 4DE.7 转换成二进制数是(　　)。
   A. 10011011110.111　　　　　　B. 10011011110.1110
   C. 100011011110.1110　　　　　D. 10011011110.0111

7. 下列叙述中,正确的是(　　)。
   A. 十进制数 101 的值大于二进制数 1000001
   B. 所有十进制小数都能准确地转换为有限位的二进制小数
   C. 十进制数 55 的值小于八进制数 66 的值
   D. 二进制的乘法规则比十进制的复杂

8. 字长为 7 位的无符号二进制整数能表示的十进制整数的数值范围是(　　)。
   A. 0~128　　　　B. 0~255　　　　C. 0~127　　　　D. 1~127

9. 有一个数值 152,它与十六进制数 6A 相等,那么该数值是(　　)。
   A. 二进制数　　　B. 八进制数　　　C. 十进制数　　　D. 四进制数

10. 将二进制数 101101101101.11 转换成八进制数是(　　)。
    A. 5555.6　　　　B. 5555.4　　　　C. 5055.6　　　　D. 5105.4

11. $(2004)_{10}+(32)_{16}$ 的结果是 (　　　)。

　　A. $(2036)_{10}$　　　　B. $(2054)_{10}$　　　　　　C. $(4006)_8$　　　　　　　D. $(2036)_{16}$

12. 执行下列二进制算术加法运算：

　　11001001+00100111

　　其运算结果是 (　　　)。

　　A. 11101111　　　B. 11110000　　　　　C. 00000001　　　　　　D. 10100010

13. 下列两个二进制数进行算术减法运算, 10000−1101= (　　　)。

　　A. 11　　　　　　B. 111　　　　　　　C. 101　　　　　　　　D. 100

14. 二进制数 1110×1101 的运算结果是 (　　　)。

　　A. 10110110　　　B. 00110110　　　　　C. 01111110　　　　　　D. 10011010

15. 已知某进制表达式 7×12=106 成立, 则该进制数 35 的十进制数为 (　　　)。

　　A. 26　　　　　　B. 29　　　　　　　C. 35　　　　　　　　D. 53

16. 二进制数 10101010 与 01001010 进行逻辑或运算, 其结果是 (　　　)。

　　A. 11110100　　　B. 11101010　　　　　C. 10001010　　　　　　D. 11100000

17. 十进制数 −48 用 8 位补码表示为 (　　　)。

　　A. 10110000　　　B. 11010000　　　　　C. 11110000　　　　　　D. 11001111

18. 某数 80H 所表示的真值是 −128, 则该数为 (　　　) 形式的表示。

　　A. 原码　　　　　B. 反码　　　　　　C. 补码　　　　　　　D. 数码

19. 已知 [x]_补=10110111,[y]_补=10110110, 则 [x+y]_补 的结果是 (　　　)。

　　A. 溢出　　　　　B. 01101010　　　　　C. 01001010　　　　　　D. 11001010

20. 在机器数的 3 种表示形式中, 符号位可以和数值位一起参加运算的是 (　　　)。

　　A. 原码　　　　　B. 补码　　　　　　C. 反码　　　　　　　D. 都可以

21. 下列数中值最小的数是 (　　　)。

　　A. [10010101]_原　B. [10010101]_反　C. [10010101]_补　　　　D. [00010101]_原

22. 用机器码表示十进制数 0, 编码唯一的是 (　　　)。

　　A. 原码　　　　　B. 反码　　　　　　C. 补码　　　　　　　D. 以上都是

23. 浮点数之所以能表示很大或很小的数, 是因为使用了 (　　　)。

　　A. 较多的字节　　　　　　　　　B. 较长的尾数

　　C. 阶码　　　　　　　　　　　　D. 符号位

24. 计算机中有两类数据：数字和字符, 它们最终都要转换为二进制代码进行存储和处理。对于人们习惯的十进制数字, 通常用 (　　　) 进行转换。

　　A. BCD 码　　　B. ASCⅡ码　　　　　C. 电报码　　　　　　　D. 十六进制码

25. 一个字符的标准 ASCII 码用 (　　　) 位二进制位表示。

　　A. 8　　　　　　B. 7　　　　　　　C. 6　　　　　　　　D. 4

26. 一个非零无符号二进制整数后加两个零形成一个新的数, 新数的值是原数值的 (　　　)。

A. 四倍   B. 二倍   C. 四分之一   D. 二分之一

27. 在标准 ASCII 编码表中,数字、小写英文字母和大写英文字母的前后次序是（   ）。

   A. 数字、小写英文字母、大写英文字母

   B. 小写英文字母、大写英文字母、数字

   C. 数字、大写英文字母、小写英文字母

   D. 大写英文字母、小写英文字母、数字

28. 已知英文字母 m 的 ASCII 码值为 109,那么英文字母 p 的 ASCII 码值是（   ）。

   A. 112   B. 113   C. 111   D. 114

29. 如果 "8" 的 ASCII 码值（十进制）为 56,则 "4" 的 ASCII 码值（十进制）为（   ）。

   A. 4   B. 8   C. 52   D. 60

30. 存储一个汉字的机内码需 2 个字节,其前后两个字节的最高位二进制值依次分别是（   ）。

   A. 1 和 0   B. 0 和 1   C. 1 和 1   D. 0 和 0

31. 1 MB 的存储空间能存储（   ）个汉字的国标（GB2312–80）码。

   A. 1 000 × 512   B. 1 024 × 500   C. 1 024 × 256   D. 1 024 × 512

32. 要存放 10 个 24 × 24 点阵的汉字字模,需要（   ）存储空间。

   A. 72 B   B. 320 B   C. 720 B   D. 72 KB

33. 在下列各点阵的汉字字库中,汉字字型显示得比较清晰美观的是（   ）。

   A. 16 × 16 点阵   B. 24 × 24 点阵   C. 32 × 32 点阵   D. 48 × 48 点阵

34. 声音与视频信息在计算机内的表现形式是（   ）。

   A. 二进制数字   B. 调制   C. 模拟   D. 模拟与数字

35. 通常,图像的数字化过程分为（   ）。

   A. 采样、编码、量化   B. 编码、采样、量化

   C. 量化、采样、编码   D. 采样、量化、编码

36. 若对音频信号以 10 kHz 采样频率、16 位量化位数进行数字化,则每分钟的双声道数字化声音信号产生的数据量约为（   ）。

   A. 1.2 MB   B. 1.6 MB   C. 2.4 MB   D. 4.8 MB

37. 对声音波形采样时,采样频率越高,声音文件的数据量（   ）。

   A. 越小   B. 越大   C. 不变   D. 无法确定

38. 以 .wav 为扩展名的文件通常是（   ）。

   A. 文本文件   B. 音频信号文件   C. 图像文件   D. 视频信号文件

39. 图像的颜色深度越大,则（   ）。

   A. 图像的尺寸越大   B. 图像的颜色越丰富逼真

   C. 每像素的数据量越小   D. 图像的分辨率越高

40. 一图像的像素为 256 × 256,图像深度为 8 位,则该图像文件大小（   ）。

   A. 刚好为 65.536 KB   B. 刚好为 64 KB

  C. 比 64 KB 略大　　　　　　　　　D. 约为 128 KB

41. 以 .jpg 为扩展名的文件通常是（　　）。

  A. 文件文本　　　B. 音频信号文件　　　C. 图像文件　　　　D. 视频信号文件

42. 对一个图形来说，通常用位图格式文件存储与矢量格式文件存储所占用的空间比较（　　）。

  A. 更小　　　　　B. 更大　　　　　　　C. 相同　　　　　　D. 无法确定

43. 以 .avi 为扩展名的文件通常是（　　）。

  A. 文本文件　　　B. 音频信号文件　　　C. 图像文件　　　　D. 视频信号文件

44. 屏幕上每个像素都用一个或多个二进制位描述其颜色信息，256 种灰度等级的图像每个像素用（　　）个二进制位描述其颜色信息。

  A. 1　　　　　　B. 4　　　　　　　　C. 8　　　　　　　　D. 24

45. 因特网上传输图像，最常用的图像存储格式是（　　）。

  A. .WAV　　　　B. .BMP　　　　　　C. .MID　　　　　　D. .GIF

二、判断题

1. 数值 $(1A)_{16}$ 也可以写为 1AH。

2. 二进制数 100110.101 转换为十进制数是 38.625。

3. 已知一个十六进制数为 8AE6，其二进制数表示为 1000101011100110。

4. 八进制数 126 对应的十进制数是 86。

5. 执行下列二进制数算术加法运算 10101010 + 00101010，其结果是 11010010。

6. 152 是某种数制的一个数，若它的值要与十六进制数 6A 相等，则该数必须是十进制数。

7. 在计算机中，为了表示数的符号，用"0"表示正号，"1"表示负号。

8. 正数的原码、反码和补码的表示都相同。

9. 负数的补码是对该数的原码除符号位外各位取反后在末位加 1。

10. 定点数约定小数点隐含在某一固定位置上，称为定点数表示法；浮点数是指小数点位置可以任意浮动，称为浮点数表示法。

11. 最常用的 BCD 码用 4 位二进制数表示一位十进制数。

12. 按字符的 ASCII 码值比较，"A" 比 "a" 大。

13. 若已知"H"的 ASCII 码值为 48H，则可能推断出"J"的 ASCII 码值为 50H。

14. 在计算机内部用于存储、交换、处理的汉字编码称为机内码。

15. 汉字处理系统中的字库文件用来解决输出时转换为显示或打印字模问题。

16. 数字化声音的质量主要取决于采样频率和样本位数，也与声音通道的个数有关。

17. 声音的采样频率越大，得到的声音质量一定越好。

18. 计算机图像都是由一些排成行列的点（像素）组成的，通常称为位图或点阵图。

19. 对于图像来说,颜色深度决定了该图像可以使用的颜色数目。

三、填空题

1. 在计算机内部,数字和符号都用_____表示。

2. 八进制整数从右数第三位的位权是_____。

3. $(A8)_{16}=($_____$)_{10}$

4. $(11100101)_2=($_____$)_{16}$

5. $(63.375)_{10}=($_____$)_2$

6. $(111111.011)_2=($_____$)_8$

7. 已知在某进位制计数下,$2\times6=14$,根据这个运算规则,7×16 的结果是_____。

8. 机器数的最高位(最左边一位)通常被定义为_____位。

9. 在计算机系统中对有符号的数,通常采用原码、反码和_____表示。

10. 设机器字长 8 位,十进制数 -7 的补码是_____。

11. 补码相对于原码和反码的好处之一是对 0 的编码是唯一的,其次是对加法和减法运算都可以用_____实现。

12. 在计算机中,对既有整数部分又有小数部分的实数,使用_____表示。

13. 十进制数 369 所对应的 8421 BCD 码为_____。

14. 西文字符普遍采用 ASCII 码表示,_____位二进制数表示 ASCII 码基本集的 128 个字符。

15. 已知字母 A~Z 的 ASCII 码是 $(41)_{16}$~$(5A)_{16}$,则 ASCII 码 0100 0111 0100 0101 存储的是字母_____。

16. 每个汉字的机内码需要用_____个字节来表示。

17. 存储一个 32×32 点阵汉字字模信息所占空间为_____字节。

18. 多媒体信息的数字化要经过三步处理,即采样、量化和_____。

19. 为了保证数字化后的声音能还原成原来的声音,采样频率不应低于声音信号最高频率的_____。

20. 一段采样频率是 44 100 Hz,采样精度为 16 位,5 分钟单声道声音的数据量是_____MB。

21. 图像的分辨率一般是指在每个单位长度上包含的_____个数。

22. 一幅像素为 1 920×1 080、颜色深度为 32 位的真彩色图像的数据量是_____KB。

四、参考答案

(一) 选择题

1. B　　　　　2. A　　　　　3. A　　　　　4. B　　　　　5. A

6. D	7. A	8. C	9. B	10. A
11. B	12. B	13. A	14. A	15. B
16. B	17. B	18. C	19. A	20. B
21. C	22. C	23. C	24. A	25. B
26. A	27. C	28. A	29. C	30. C
31. D	32. C	33. D	34. A	35. D
36. C	37. B	38. B	39. B	40. C
41. C	42. B	43. D	44. C	45. D

（二）判断题

1. √	2. √	3. √	4. √	5. ×
6. ×	7. √	8. √	9. √	10. √
11. √	12. ×	13. ×	14. √	15. √
16. √	17. ×	18. √	19. √	

（三）填空题

1. 二进制

2. 64

3. 168

4. E5

5. 111111.011

6. 77.3

7. 142

8. 符号

9. 补码

10. 11111001

11. 加法

12. 浮点数

13. 001101101001

14. 7

15. GE

16. 2

17. 128

18. 编码

19. 2 倍

20. 25.2

21. 像素

22. 8 100

练习 4　操作系统基础

一、选择题

1. 操作系统是一种(　　　)。
    A. 使计算机便于操作的硬件
    B. 计算机的操作规范
    C. 便于操作的计算机系统
    D. 管理各类计算机系统资源,为用户提供友好界面的一组管理程序
2. 操作系统的 4 个基本功能是(　　　)。
    A. 运算器管理、控制器管理、内存储器管理和外存储器管理
    B. 处理机管理、主机管理、文件管理和外部设备管理
    C. 用户管理、主机管理、程序管理和设备管理
    D. 处理机管理、存储管理、文件管理和设备管理
3. 按操作系统的分类,UNIX 属于(　　　)操作系统。
    A. 批处理　　　　　B. 实时　　　　　　C. 分时　　　　　　D. 多道批处理
4. 操作系统将 CPU 的时间划分成时间片,轮流分配给各终端用户,使终端用户单独分享 CPU 的时间片,有独占计算机的感觉,这种操作系统称为(　　　)。
    A. 实时操作系统　　B. 批处理操作系统　　C. 分时操作系统　　D. 分布式操作系统
5. 操作系统中的文件管理系统为用户提供的功能是(　　　)。
    A. 按文件作者存取文件　　　　　　　　B. 按文件名管理文件
    C. 按文件创建日期存取文件　　　　　　D. 按文件大小存取文件
6. 下列说法正确的是(　　　)。
    A. 一个进程会伴随着其程序执行的结束而消亡
    B. 一段程序会伴随着其程序结束而消亡
    C. 任何程序在执行未结束时不允许被强行终止
    D. 任何程序在执行未结束时都可以被强行终止
7. 计算机操作系统的最基本特征是(　　　)。

　　A. 并发和共享　　　B. 共享和虚拟　　　C. 虚拟和异步　　　　D. 异步和并发

8. 下列关于操作系统的描述,正确的是(　　　)。

　　A. 操作系统中只有程序没有数据

　　B. 操作系统提供的人机交互接口其他软件无法使用

　　C. 操作系统是一种最重要的应用程序

　　D. 一台计算机可以安装多个操作系统

9. 下列不是虚拟化技术的优势的是(　　　)。

　　A. 提高资源的利用率　　　　　　　　　B. 提供相互隔离的安全高效执行环境

　　C. 方便管理和升级资源　　　　　　　　D. 性能低

10. 允许多个用户以交互方式使用计算机的操作系统,称为(　　　)。

　　A. 批处理操作系统　　　　　　　　　B. 分时操作系统

　　C. 实时操作系统　　　　　　　　　　D. 微机操作系统

11. 进程是(　　　)。

　　A. 与程序等效的概念　　　　　　　　B. 并发环境中程序的执行过程

　　C. 一个系统软件　　　　　　　　　　D. 存放在内存中的程序

12. 当(　　　)时,进程从运行态转变为就绪态。

　　A. 进程被调度程序选中　　　　　　　B. 时间片用完

　　C. 等待某一事件　　　　　　　　　　D. 等待的事件发生

13. 打开的文件使用完毕后,应该进行(　　　)操作。

　　A. 备份　　　　　B. 重命名　　　　　C. 关闭　　　　　　D. 删除

14. 能够实现对内存和外存统一管理,为用户提供一种宏观上比实际内存容量大得多的存储技术是(　　　)。

　　A. 覆盖技术　　　B. 交换技术　　　　C. 物理扩充　　　　D. 虚拟存储技术

15. 以 .txt 为扩展名的文件通常是(　　　)。

　　A. 文本文件　　　B. 音频信号文件　　C. 图像文件　　　　D. 视频信号文件

16. Windows 是计算机系统中的(　　　)。

　　A. 主要硬件　　　B. 系统软件　　　　C. 工具软件　　　　D. 应用软件

17. 当一个应用程序窗口被最小化后,此程序将(　　　)。

　　A. 被终止执行　　B. 继续执行　　　　C. 被暂停执行　　　D. 被转入后台执行

18. 在 Windows 系统中,文件属性为(　　　)的文件不能修改。

　　A. 系统　　　　　B. 隐藏　　　　　　C. 只读　　　　　　D. 存档

19. 文件名中小数点后面的称为文件的(　　　)。

　　A. 文件扩展名　　B. 文件后缀　　　　C. 文件代码　　　　D. 文件类型

20. 使用"清空回收站"命令可以将"回收站"中的全部文件(　　　)。

　　A. 恢复　　　　　B. 移动　　　　　　C. 删除　　　　　　D. 复制

21. Windows 系统的"开始"菜单包括了 Windows 系统的(　　　)。

    A. 主要功能　　　　　B. 全部功能　　　　　C. 部分功能　　　　　　　D. 初始化功能

22. 用鼠标指在标题栏上,按住鼠标左键拖动,则可以(　　　)。

    A. 变动该窗口上边缘,从而改变窗口大小

    B. 移动该窗口

    C. 放大该窗口

    D. 缩小该窗口

23. 在 Windows 系统中,通常把整个显示屏幕称为(　　　)。

    A. 窗口　　　　　　　B. 桌面　　　　　　　C. 图标　　　　　　　　D. 资源管理器

24. 在 Windows 系统中,"双击"操作通常是指(　　　)。

    A. 双击鼠标左键　　　　　　　　　　B. 双击鼠标右键

    C. 同时双击鼠标左右键　　　　　　　D. 按两下空格键

25. 如果要进入安全模式,应在启动 Windows 系统时应按功能键(　　　)。

    A. F8　　　　　　　　B. DEL　　　　　　　C. F5　　　　　　　　　D. F4

26. 用户当前正在执行的窗口称为(　　　)。

    A. 活动窗口　　　　　B. 前端窗口　　　　　C. 数据输入窗口　　　　　D. 当前窗口

27. 关闭运行 Windows 系统的计算机之前应先(　　　)。

    A. 关闭所有已打开的程序　　　　　　B. 关闭 Windows 系统

    C. 断开服务器的连接　　　　　　　　D. 直接关闭电源

28. 磁盘文件调入内存后可以直接执行的文件扩展名是(　　　)。

    A. .exe　　　　　　　B. .txt　　　　　　　C. .docx　　　　　　　D. .bmp

29. 磁盘上的文件有以下几种属性:档案、只读、隐含、系统。一般情况下,用户存入的磁盘文件均属于(　　　)。

    A. 档案文件属性　　　　　　　　　　B. 只读文件属性

    C. 系统文件属性　　　　　　　　　　D. 隐含文件属性

30. 文件系统采用多级目录结构,对于不同用户的文件,其文件名(　　　)。

    A. 应该相同　　　　　　　　　　　　B. 应该不同

    C. 可以相同,也可以不同　　　　　　D. 受系统约束

31. 剪贴板是在(　　　)中开辟的一个特殊存储区域。

    A. 硬盘　　　　　　　B. 外存　　　　　　　C. 内存　　　　　　　　D. 窗口

32. Windows 桌面上的"我的电脑"或"此电脑"图标是(　　　)。

    A. 用来暂存用户删除的文件和文件夹的

    B. 用来管理计算机资源的

    C. 用来管理网络资源的

    D. 用来使网络中的便携机和办公室中的文件保持同步的

33. 利用快捷键 Alt+(   ),可直接在窗口之间切换。

    A. Esc   B. Ctrl   C. Tab   D. Shift

34. 在文件夹中可以包含有(   )。

    A. 文件   B. 文件、文件夹

    C. 文件、快捷方式   D. 文件、文件夹、快捷方式

35. 任务栏的位置是可以改变的,通过拖动任务栏可以将它移到(   )。

    A. 桌面横向中部   B. 桌面纵向中部

    C. 任意位置   D. 桌面四个边缘位置

36. 搜索文件时,若用户输入"*.*",则将搜索(   )。

    A. 所有含有"*"的文件   B. 所有扩展名中含有"*"的文件

    C. 所有文件   D. 以上全不对

37. 要选定多个连续文件或文件夹的操作为:先单击第一项,然后按住(   )键再单击最后一项。

    A. Alt   B. Ctrl   C. Shift   D. Del

38. 格式化 U 盘,即(   )。

    A. 删除 U 盘上原有信息,建立一种系统能识别的格式

    B. 可删除原有信息,也可不删除

    C. 保留 U 盘上原有信息,对剩余空间格式化

    D. 删除原有部分信息,保留原有部分信息

39. "即插即用"的含义是指(   )。

    A. 不需要 BIOS 支持即可使用硬件

    B. 在 Windows 系统所能使用的硬件

    C. 安装在计算机上不需要配置任何驱动程序就可使用的硬件

    D. 硬件安装在计算机上后,系统会自动识别并完成驱动程序的安装和配置

40. 如用户在一段时间(   ),Windows 将启动屏幕保护程序。

    A. 没有按键盘   B. 没有移动鼠标

    C. 既没有按键盘,也没有移动鼠标   D. 没有使用打印机

41. 在资源管理器中要同时选定不相邻的多个文件,按住(   )键逐个单击文件。

    A. Shift   B. Ctrl   C. Alt   D. F8

42. 打开(   ),可以查看本机的 CPU 型号。

    A. 资源管理器   B. 任务管理器   C. 帮助   D. 设备管理器

43. 删除已经安装的应用程序的方法是(   )。

    A. 选定应用程序所在的文件夹,使用 Del 键删除

    B. 选定应用程序所在的文件夹,使用 Shift+Del 键

    C. 选定应用程序所在的文件夹,用鼠标拖到回收站

D. 使用控制面板中的卸载程序进行删除

44. 快捷方式和文件本身的关系是（　　）。

A. 没有明显的关系

B. 快捷方式是文件的备份

C. 快捷方式其实就是文件本身

D. 快捷方式与文件原位置建立了一个链接关系

45. 在 Windows 系统中，"路径"是指（　　）。

A. 程序的执行过程　　　　　　　　B. 用户操作步骤

C. 文件在磁盘中的文件夹位置　　　D. 文件在哪个磁盘上

46. 下列有关汉字输入方法的叙述中，只有（　　）是正确的。

A. 汉字的内码与输入码有关

B. 不能在"画图"程序中输入汉字

C. 不同字体的汉字，其内码也不同

D. 汉字没有全角半角之分

47. 以下正确的文件标识符是（　　）。

A. 文件名+盘符+路径　　　　　　B. 盘符+文件名+路径

C. 路径+文件名+盘符　　　　　　D. 盘符+路径+文件名

48. 同时按（　　）键可以打开任务管理器。

A. Ctrl+Shift　　B. Ctrl+Shift+Esc　　C. Ctrl+Esc　　D. Alt+Tab

49. 下列各项中，不是操作系统的是（　　）。

A. Linux　　　　B. UNIX　　　　C. Android　　　D. WPS Office

50. 微机上广泛使用的 Windows 是（　　）。

A. 批处理操作系统　　　　　　　　B. 实时操作系统

C. 单任务操作系统　　　　　　　　D. 多任务操作系统

二、判断题

1. 在安装 Windows 系统过程中，可以不创建 Windows 的启动盘。

2. 如果要取消所有已选择的文件和文件夹，只要在非文件名的空白区单击即可。

3. 在资源管理器中删除的文件或文件夹都可以通过回收站进行恢复。

4. 在窗口的工具栏中，上面的每一个按钮都代表一条命令。

5. 在 Windows 系统中，用户可以对磁盘进行快速格式化，但是被格式化的磁盘必须是以前做过格式化的磁盘。

6. 格式化操作不会破坏磁盘的信息。

7. 内存储器容量不够时，可以通过增大硬盘或软盘容量来解决。

8. Windows 窗口的最大化和最小化按钮以及关闭按钮位于每个窗口的左上角。

9. 从启动 Windows 后到退出 Windows 前,随时可以使用剪贴板。

10. 在文件夹下面还可以建立子文件夹。

11. 在 Windows 系统中,文档窗口没有菜单栏,它与其所用的应用程序窗口合用菜单栏。

12. 一旦屏幕保护开始,原来在屏幕上的当前窗口就被关闭了。

13. 只有在硬盘上才能建立子文件夹和子文件夹下的子文件夹。

14. 记事本具有文档格式处理功能。

15. Windows 系统的桌面外观可以进行更改。

16. Windows 的文件系统采用网状目录结构。

17. 屏幕保护程序是当用户在一段时间内没有使用键盘和鼠标的情况下,用来保护显示内容的应用程序。

18. 放在回收站中的文件不占用磁盘空间。

19. 键盘上的 Ctrl 键是控制键,它必须与其他键同时按下才起作用。

20. 在 Windows 系统的各应用程序间复制信息是通过剪贴板来完成的。

21. 在 Windows 系统中有两种窗口:应用程序窗口和文档窗口,它们都有各自的菜单栏,所以可以用各自的命令进行操作。

22. 复选框的意思是可以复选,而且选取任何一项都不影响其他项的选取。

23. 用户在使用文件时,一般是按照文件名进行存取的。

24. 操作系统是计算机和用户的接口。

25. 在 Windows 系统中,利用安全模式可以解决启动时的一些问题。

26. 只有对活动窗口才能进行移动、改变大小等操作。

27. 操作系统长时间使用之后,会留下许多垃圾文件,使系统变得臃肿,运行速度降低。

28. 文档窗口最大化后将占满整个桌面。

29. 从磁盘根目录开始到文件所在目录的路径,称为相对路径。

30. 当一个文件更名后,则文件的内容部分改变。

31. 在文件系统中,文件路径中文件夹和文件名之间的分隔符是 \。

32. 从回收站中,既可以恢复从硬盘上删除的文件或文件夹,也可以恢复从 U 盘上删除的文件或文件夹。

33. 控制面板是用来进行系统管理和系统环境设置的一个工具集。

34. 可以设置启动 Windows 系统后自动加载指定程序。

35. Windows 系统的"开始"菜单不能进行自定义。

36. 在 Windows 系统中,在任何地方用鼠标右击对象都可以弹出快捷菜单,这些快捷菜单内容是相同的。

37. 在多级目录结构中,不允许文件同名。

38. Windows 系统的计算器可以用来进行十六进制数的运算。

39. 进程是执行中的程序。

40. 通过 Windows 控制面板，可以添加新硬件，也可以卸载或安装程序。

41. Windows 系统提供了多种应用程序启动方式。

42. 如果需要经常运行一个应用程序，则可以在 Windows 桌面上创建快捷图标，以便随时访问。

43. 计算机启动成功后，操作系统的所有程序模块全部进入内存。

44. 实时系统能及时响应外部事件的请求，在规定时间内完成对该事件的处理。

45. 一个进程被唤醒意味着该进程重新占有了 CPU。

46. 当多道程序同时运行时，用户通过操作系统能够控制每一道程序的运行进度。

47. 时间片轮转算法特别适合分时系统使用。

48. 华为鸿蒙系统是一种面向全场景的分布式操作系统。

49. 删除 Windows 桌面上某个应用程序的快捷图标，意味着该应用程序连同其图标一起被删除。

50. 虚拟内存实际上是硬盘上的一片存储区域。

51. 删除程序时可以在"控制面板"中的"添加和删除程序"里选择对应的程序卸载，最好不要直接从文件夹里删除。

52. 并发性是指若干事件在同一时间间隔内发生。

53. 进程的异步性是指各进程向前推进的速度是不可预知的，往往是走走停停。

54. 进程是静态的，而程序是动态的。

55. 内存中进程的数量越多越能提高系统的并发度和效率。

56. 操作系统通过文件系统提供文件的存储、检索、更新、共享和保护等功能。

三、填空题

1. _____是为了控制和管理计算机的各种资源，以充分发挥计算机系统的工作效率和方便用户使用计算机而配置的一种系统软件。

2. _____是按一定形式组织的一个完整的、有名称的信息集合，是计算机系统中数据组织的基本存储单位。

3. Windows 系统中查看和管理进程的工具是_____。

4. _____是在 Windows 系统中预留出来的一段内存区域，用来存放在 Windows 应用程序间要交换的数据，使用它可以将数据从一个应用程序复制到另一个应用程序中。

5. _____是 Windows 操作系统里的其中一个系统文件夹，主要用来存放用户临时删除的文档资料，存放在那里的文件可以恢复。

6. 用"记事本"所创建文件的默认扩展名为_____。

7. Windows 操作系统中的图形用户界面（GUI）使用_____显示正在运行的应用程序。

8. Windows 操作系统是一种＿＿＿＿＿＿软件,负责实现计算机各类资源管理功能。

9. 操作系统具有存储器管理功能,它可以自动"扩充"内存,为用户提供一个容量比实际内存大得多的＿＿＿＿＿＿存储器。

10. 为了支持多任务处理,操作系统的处理器调度程序使用＿＿＿＿＿＿技术把 CPU 分配给各个任务,使多个任务宏观上可以"同时"执行。

11. ＿＿＿＿＿＿处理操作系统可以让多个 CPU 同时工作,提高计算机系统的效率。

12. 操作系统将 CPU 时间划分成许多小片,轮流为多个程序服务,这些小片称为＿＿＿＿＿＿。

13. 进程的 3 个基本状态是就绪、＿＿＿＿＿＿和阻塞。

14. ＿＿＿＿＿＿和共享是操作系统的两个最基本的特征,两者之间互为条件。

15. 操作系统目前有五大类型:批处理操作系统、分时操作系统、＿＿＿＿＿＿操作系统、网络操作系统和分布式操作系统。

16. 在 Windows 系统中,常见的 3 种文件系统是 FAT32、＿＿＿＿＿＿和 exFAT。

17. 文件路径分为＿＿＿＿＿＿路径和相对路径。

18. 在操作系统中,处理器资源的分配以＿＿＿＿＿＿为基本单位。

19. 安卓是一种基于 Linux 系统内核的＿＿＿＿＿＿系统。

20. Windows 操作系统中,"?"代表＿＿＿＿＿＿个任意的字符。

21. 存储管理将逻辑地址转换为＿＿＿＿＿＿的过程称为地址映射。

22. 在存储管理的技术中,＿＿＿＿＿＿存储管理可扩充内存容量。

23. 从当前文件夹开始的文件路径,称为＿＿＿＿＿＿路径。

24. 操作系统支持的两种设备分配算法有＿＿＿＿＿＿算法和优先级高者优先算法。

25. 按设备的共享属性分类,可分为独占设备、共享设备和＿＿＿＿＿＿设备。

26. 操作系统具有＿＿＿＿＿＿管理、存储管理、文件管理和设备管理等功能。

27. 在操作系统中,＿＿＿＿＿＿是指计算机系统中两个或两个以上的事件或活动在同一时刻发生。

四、参考答案

(一)选择题

1. D	2. D	3. C	4. C	5. B
6. A	7. A	8. D	9. D	10. B
11. B	12. B	13. C	14. D	15. A
16. B	17. D	18. C	19. A	20. C
21. B	22. B	23. B	24. A	25. A
26. A	27. A	28. A	29. A	30. C

31. C	32. B	33. AC	34. D	35. D
36. C	37. C	38. A	39. D	40. C
41. B	42. D	43. D	44. D	45. C
46. D	47. D	48. B	49. D	50. D

(二) 判断题

1. √	2. √	3. ×	4. √	5. √
6. ×	7. ×	8. ×	9. √	10. √
11. √	12. ×	13. ×	14. ×	15. √
16. ×	17. √	18. ×	19. √	20. √
21. ×	22. √	23. √	24. √	25. √
26. √	27. √	28. ×	29. ×	30. ×
31. √	32. ×	33. √	34. √	35. ×
36. ×	37. ×	38. √	39. √	40. √
41. √	42. √	43. ×	44. √	45. √
46. ×	47. √	48. √	49. ×	50. √
51. √	52. √	53. √	54. ×	55. ×
56. √				

(三) 填空题

1. 操作系统
2. 文件
3. 任务管理器
4. 剪贴板
5. 回收站
6. txt
7. 窗口
8. 系统
9. 虚拟
10. 分时
11. 并行
12. 时间片
13. 执行
14. 并发
15. 实时
16. NTFS
17. 绝对
18. 进程
19. 操作
20. 一
21. 物理地址
22. 虚拟
23. 相对
24. 先来先服务
25. 虚拟
26. 处理器
27. 并发性

练习 5　WPS 文字处理

一、选择题

1. 以下对于 WPS Office 的描述中,错误的是(　　　)。
   A. WPS Office 是一个办公软件套件
   B. WPS Office 可以用于文字处理、数据分析和演示文稿展示
   C. WPS Office 只支持 Windows 操作系统
   D. WPS Office 提供了丰富的模板和主题,帮助用户快速创建文档

2. WPS Office 首页的最近列表中,包含的内容是(　　　)。
   A. 最近访问过的文件夹　　　　　　　B. 最近打开过的文档
   C. 最近联系过的同事　　　　　　　　D. 最近浏览过的网页

3. 在 WPS Office 的首页文档列表中,要快速了解某文件的详细信息,应当(　　　)。
   A. 单击该文件,在右侧的文件信息面板中查看
   B. 选中该文件后,在右键菜单中选择"打开文件位置"命令查看
   C. 选中该文件后,在右键菜单中选择"分享"命令查看
   D. 必须双击打开文件才能查看

4. 下列关于 WPS Office 首页的叙述中,错误的是(　　　)。
   A. WPS Office 首页支持快速新建文档
   B. WPS Office 首页支持搜索
   C. WPS Office 首页支持添加常用应用至侧栏
   D. WPS Office 首页不支持移除首页不需要的快捷文件夹

5. 在 WPS 文档编辑中,插入图片可以通过(　　　)选项完成。
   A. 插入→图片　　　B. 布局→图片　　　C. 文件→图片　　　D. 视图→图片

6. 在 WPS 文档编辑中,设置页面边距可以通过(　　　)选项完成。
   A. 文件→页面布局　　B. 图表→页面布局　　C. 视图→页面布局　　D. 页面→页边距

7. 以下关于 WPS 文字的说法中,错误的是(　　　)。
   A. WPS 文字可以创建、编辑、保存和打印各种文档

    B. WPS 文字可以实现多人协同编辑

    C. WPS 文字可以生成 PDF 文档

    D. WPS 文字可以进行复杂数据分析和图表制作

8. 下面(　　)不是 WPS 文字的文件格式。

    A. docx　　　　　　　B. xlsx　　　　　　　C. pdf　　　　　　　D. wps

9. 下列文件扩展名中,不属于 WPS 文字模板文件的是(　　)。

    A. docx　　　　　　　B. dotm　　　　　　　C. dotx　　　　　　　D. dot

10. 在使用 WPS 文字撰写长篇论文时,要使各章内容从新的页面开始,最佳的操作方法是(　　)。

    A. 按 Enter 键使插入点定位到新的页面

    B. 在每一章结尾处插入一个分页符

    C. 将每一章的标题样式设置为段前分页

    D. 按空格键使插入点定位到新的页面

11. 下列关于 WPS 云办公服务的存储功能的说法中,错误的是(　　)。

    A. 支持将本地文件上传至云端　　　　　　B. 支持导入多个本地文件

    C. 支持添加云端文件　　　　　　　　　　D. 不支持在线编辑文档

12. 在 WPS 文字中,为了将一部分文本内容移动到另一个位置,首先要进行的操作是(　　)。

    A. 选定内容　　　　B. 光标定位　　　　C. 复制　　　　　　D. 粘贴

13. 使用 WPS 文字撰写包含若干章节的长篇论文时,若要使各章内容自动从新的页面开始,最优的操作方法是(　　)。

    A. 在每章结尾处插入一个分页符

    B. 在每章结尾处连续按 Enter 键使插入点定位到新的页面

    C. 将每章标题指定为标题样式,并将样式的段落格式修改为"段前分页"

    D. 依次将每章标题的段落格式设为"段前分页"

14. 在 WPS 文字的功能区中,不包含的选项卡是(　　)。

    A. 开始　　　　　　B. 页眉　　　　　　C. 页面　　　　　　D. 插入

15. 在 WPS 文字中编辑一篇摘自互联网的文章,需要将文档每行后面的手动换行符全部删除,最优的操作方法是(　　)。

    A. 长按 Ctrl 键依次选中所有手动换行符后,再按 Delete 键删除

    B. 在每行的结尾处,逐个手动删除

    C. 对文档进行智能排版,删除换行符

    D. 通过查找和替换功能删除

16. WPS 支持的文件格式互相转换操作,不包括(　　)。

    A. PDF 与图片互相转换

    B. 图片与 WPS 文字、WPS 表格、WPS 演示互相转换

C. PDF 与视频互相转换

D. PDF 与 WPS 文字、WPS 表格、WPS 演示互相转换

17. 对某个保存在 WPS 云文档空间的文档进行了多次编辑保存后,如果要恢复到过去某个时期的版本,可以用以下(　　　)功能。

A. 云回收站　　　　B. WPS 网盘　　　　　C. 同步文件夹　　　　　D. 历史版本

18. 在以链接形式分享文件时,如果希望所有打开的人只能查看不能修改,应该在分享时设置(　　)权限。

A. 指定人可查看和评论　　　　　　　　B. 指定人可查看

C. 所有人可查看　　　　　　　　　　　D. 所有人可编辑

19. 在 WPS 文字中编排毕业论文时,希望将所有应用了"标题 3"样式的段落修改为 1.25 倍行距、段前间距 12 磅,最优的操作方法是(　　　)。

A. 逐个修改每个段落的行距和间距

B. 直接修改"标题 3"样式的行距和间距

C. 修改其中一个段落的行距和间距,然后通过格式刷复制到其他段落

D. 选中所有"标题 3"段落,然后统一修改其行距和间距

20. 在 WPS Office 整合窗口模式下,不支持的文档切换方法是(　　　)。

A. 直接单击 WPS 标签栏的对应标签进行切换

B. 通过 Alt+Tab 组合键快捷切换

C. 通过系统任务栏按钮悬停时展开的缩略图进行切换

D. 通过 Ctrl+Tab 组合键快捷切换

21. 关于 WPS 云文档,描述错误的是(　　　)。

A. 云文档需要通过 WPS Office 客户端进行编辑

B. 云文档可以通过链接分享给他人

C. 云文档支持多人实时在线共同编辑

D. 云文档可以预览和恢复历史版本

22. 在 WPS Office 首页的共享列表中,不包含的内容为(　　　)。

A. 其他人通过 WPS 共享给我的文件

B. 我通过 WPS 共享给其他人的文件

C. 其他人通过 WPS 共享给我的文件夹

D. 在操作系统中设置为"共享"属性的文件夹

二、判断题

1. 在 WPS 文字中,让各级标题层次分明的是大纲视图。

2. 在 WPS 文字的长文档中,可以通过分页符对长文档进行不同页码格式的设置。

3. 在 WPS 文字中移动文本的快捷方法是,对选定文本按 Ctrl+X 键,再将光标定位到新的位置上按 Ctrl+V 键。

4. 在 WPS 文字中,如果要对文档设置奇偶页不同内容的页眉,可以在页面设置中选中"奇偶页不同"复选框,再分别设置奇偶页的页眉内容。

5. 在 WPS 文字中,可以在表格最后一行行末按下 Tab 键为表格添加一行。

6. 在 WPS 文字中,表格底纹设置只能设置整个表格的底纹,不能对单个单元格进行底纹设置。

7. 在 WPS 文字中,只要插入表格选取了一种表格样式,就不能更改表格样式和进行表格修改。

8. 在 WPS 文字中,不但可以给文本选取各种样式,而且可以更改样式。

9. 在 WPS 文字中,提供了单倍、多倍、固定值、最小值等行间距选择。

10. 在 WPS 文字中,可以插入页眉和页脚,但不能插入日期和时间。

11. 在 WPS 文字中,设置段落格式时,必须选定该段落全部文字。

12. 在 WPS 文字中,必须先选定,后操作。

13. 在 WPS 文字页面布局中,不能自定义纸张大小。

14. 在 WPS 文字中,插入的图片只能按比例缩放。

15. 在 WPS 文字中,插入艺术字后,可以改变艺术字中文字。

16. 在 WPS 文字中,建立组织结构图后,不能改变其布局。

17. 在 WPS 文字中,形状可以设置阴影效果。

18. 在 WPS 文字中,只能插入横排文本框。

19. 在 WPS 文字中,文本框中文字环绕方式都是浮于文字上方。

20. 在 WPS 文字中,只有文字格式,没有段落格式。

21. 在 WPS 文字中,页码可以在页脚也可以在页眉。

22. 在 WPS 文字中,插入数学公式后,可以再修改。

23. 在 WPS 文字中,脚注只能每页重新编码,不能连续编码。

24. 水印是在页面内容后插入的虚影文字,添加后就不能删除了。

25. 在 WPS 文字中,可以改变文字方向。

26. 在 WPS 文字中,黑体和加粗是等效的。

27. 在 WPS 文字的插入表格对话框中,只能插入 5 列 2 行的表格。

28. 在 WPS 文字中,可以实现中文简繁转换。

29. 在 WPS 文字中,窗口标尺不能被隐藏。

30. 在 WPS 文字中,对所选段落可以添加项目符号或编号。

三、填空题

1. 使用 WPS 文字创建文档时,可通过快捷键 Ctrl+Enter 快速插入_____。

2. 在 WPS 文字中,可以使用_____功能来调整文字的大小。

3. 在 WPS 文字编辑状态下,若要对文档中的图片或表格进行处理,应在_____视图下操作。

4. 在 WPS 文字中,若要删除表格中的单元格所在行,则应在"删除单元格"对话框中选中_____单选按钮。

5. 用 WPS 文字进行编辑时,要将选定区域的内容放到剪贴板上,可单击工具栏中的_____。

6. WPS 文字具有拆分窗口的功能,要实现这一功能,应选择的选项卡是_____。

7. 要插入页眉和页脚,首先要切换到_____。

8. 在 WPS 文字编辑状态下,绘制文本框命令所在的选项卡是_____。

9. 在 WPS 文字编辑状态下,改变段落的缩进方式、调整左右边界等操作,最直观、快速的方法是利用_____。

10. 在 WPS 文字编辑状态下,为文档设置页码,应该使用_____选项卡。

四、参考答案

(一) 选择题

1. C	2. B	3. A	4. D	5. A
6. D	7. D	8. B	9. A	10. C
11. D	12. A	13. C	14. B	15. D
16. C	17. D	18. C	19. B	20. B
21. A	22. D			

(二) 判断题

1. √	2. ×	3. √	4. √	5. √
6. ×	7. ×	8. √	9. √	10. ×
11. ×	12. √	13. ×	14. ×	15. √
16. ×	17. √	18. ×	19. ×	20. ×
21. √	22. √	23. ×	24. ×	25. √
26. ×	27. ×	28. √	29. ×	30. √

(三) 填空题

1. 分页符	2. 字号
3. 页面	4. 删除整行
5. 剪切或复制	6. 视图
7. 页面视图	8. 插入
9. 标尺	10. 插入

练习6 WPS 电子表格

一、选择题

1. 在 WPS 表格编辑界面中,选择(　　　)可以将选中的单元格合并为一个单元格。
   A. 页面→合并　　　　B. 数据→合并　　　　C. 开始→合并　　　　D. 工具→合并

2. 在 WPS 表格中,可以用于求和计算的函数是(　　　)。
   A. SUM　　　　B. COUNT　　　　C. AVERAGE　　　　D. MAX

3. 在 WPS 表格中,可以计算一组数据中的最大值的函数是(　　　)。
   A. SUM　　　　B. COUNT　　　　C. AVERAGE　　　　D. MAX

4. 在 WPS 表格中,可以对数据进行排序的功能是(　　　)。
   A. 格式刷　　　　B. 数据透视表　　　　C. 自动筛选　　　　D. 按钮

5. 下列选项中,正确描述 WPS 表格中的单元格格式的是(　　　)。
   A. 单元格格式可以包括字体、背景色、边框等属性
   B. 单元格格式只能应用于整个工作表
   C. 单元格格式不能包括数字和日期的格式设置
   D. 单元格格式只能在 WPS 表格中自定义,无法导入外部样式

6. 在 WPS 表格中,可以通过(　　　)功能将一列数据按照字母顺序排列。
   A. 排序　　　　B. 过滤　　　　C. 查找与替换　　　　D. 数据分组

7. 在 WPS 表格中,可以通过(　　　)功能将选中的单元格设置为文本自动换行的格式。
   A. 单元格合并　　　　B. 边框和填充　　　　C. 字体和字号　　　　D. 对齐方式

8. 在 WPS 表格中,可以通过(　　　)功能将选中的单元格中的内容自动填充到相邻的单元格中。
   A. 自动换行　　　　B. 填充　　　　C. 排序　　　　D. 字体和字号

9. 在 WPS 表格中,需要对当前工作表进行分页,将 1~18 行作为一页,余下的作为另一页,以下最优的操作方法是(　　　)。
   A. 选中 A18 单元格,单击"页面"选项卡中的"插入分页符"按钮
   B. 选中 A19 单元格,单击"页面"选项卡中的"插入分页符"按钮
   C. 选中 B18 单元格,单击"页面"选项卡中的"插入分页符"按钮

D. 选中 B19 单元格,单击"页面"选项卡中的"插入分页符"按钮

10. 在 WPS 表格工作表中,根据数据源创建了数据透视表,当数据透视表对应的数据源发生变化时,需快速更新数据透视表中的数据,以下最优的操作方法是( )。

A. 单击"数据"选项卡中的"数据透视表"按钮

B. 单击"分析"选项卡中的"刷新"按钮

C. 选中整个数据区域,重新创建数据透视表

D. 单击"插入"选项卡中的"数据透视表"按钮

11. 在 WPS 表格中,设 E 列用于存放工资总额,F 列用于存放实发工资。当工资总额超过 800 时,实发工资 = 工资 −(工资总额 −800)* 税率;当工资总额小于或等于 800 时,实发工资 = 工资总额。假设税率为 5%,则 F 列可用公式实现。以下最优的操作方法是( )。

A. 在 F2 单元格中输入公式 =IF(E2>800,E2−(E2−800)*5%,E2)

B. 在 F2 单元格中输入公式 =IF(E2>800,E2,E2−(E2−800)*0.05)

C. 在 F2 单元格中输入公式 =IF("E2>800",E2−(E2−800)*0.05,E2)

D. 在 F2 单元格中输入公式 =IF("E2>800",E2,E2−(E2−800)*0.05)

12. 在 WPS 表格中,需要展示公司一批应聘人员的能力分析情况,如专业能力、表达能力、个人形象、团队能力等多个维度,并进行能力评分,比较适合的图表是( )。

A. 饼图　　　　　　B. 柱形图　　　　　　C. 雷达图　　　　　　D. 条形图

13. WPS 表格的工作表 C 列保存了 11 位手机号码信息,为保护个人隐私,需将手机号码的后 4 位均用 * 表示。以 C3 单元格为例,可以实现的公式是( )。

A. 输入 =REPLACE(C3,7,4,"****")　　　B. 输入 =REPLACE(C3,8,4,"****")

C. 输入 =MID(C3,7,4,"****")　　　D. 输入 =MID(C3,8,4,"****")

14. 以下 WPS 表格公式中错误的是( )。

A. =SUM(B2:C2)*$E$2　　　B. =SUM(B2:E2)

C. =SUM(2B:2C)*2E　　　D. =SUM(B1:B2)*$E$2

15. 在 WPS 表格中,希望在一个单元格输入两行数据,最优的操作方法是( )。

A. 在第一行数据后按 Shfit+Enter 组合键

B. 在第一行数据后按 Alt+Enter 组合键

C. 设置单元格自动换行后适当调整列宽

D. 在第一行数据后直接按 Enter 键

16. 2023 年各班的成绩单分别保存在独立的 WPS 表格工作簿文件中,如果需要将这些成绩单合并到一个工作簿文件中进行管理,最优的操作方法是( )。

A. 将各班成绩单中的数据分别通过复制、粘贴整合到一个工作簿中

B. 通过移动或复制工作表功能,将各班成绩单整合到一个工作簿中

C. 打开一个班的成绩单,将其他班级的数据录入到同一个工作簿的不同工作表中

D. 通过"插入对象"功能,将各班成绩单整合到一个工作簿中

17. 在 WPS 表格中,设定与使用"主题"的功能是指(　　　)。

　　A. 标题　　　　　B. 一段标题文字　　　C. 一个表格　　　　　D. 一组格式集合

18. 在 WPS 表格中,公司的"报价单"工作表使用公式引用了商业数据,发送给客户时需要仅呈现计算结果而不保留公式细节,错误的做法是(　　　)。

　　A. 将"报价单"工作表输出为图片

　　B. 复制原文件中的计算结果,以"粘贴为数值"的方式,把结果粘贴到空白报价单中

　　C. 将"报价单"工作表输出为 PDF 格式文件

　　D. 通过工作表标签右键菜单的"移动或复制工作表"命令,将"报价单"工作表复制到
　　　　一个新的文件中

19. 在 WPS 表格中,某单元格公式的计算结果应为一个大于 0 的数,但却显示了错误信息"#####"。为了使结果正常显示,且又不影响该单元格的数据内容,应进行的操作是(　　　)。

　　A. 重新输入公式　　　　　　　　　　B. 加大该单元格所在列的列宽

　　C. 使用"复制"命令　　　　　　　　　D. 加大该单元格所在行的行高

20. 关于筛选,叙述正确的是(　　　)。

　　A. 自动筛选的结果只能按升序排列

　　B. 高级筛选可以进行更复杂条件的筛选

　　C. 高级筛选不需要建立条件区域,只有数据区域就可以了

　　D. 自动筛选可以将筛选结果放在指定的区域

21. B2、B3 单元格的值分别为 10 和 20,在 C2 单元格中输入公式"=B2/$B$2"后,将该公式复制到 C3 单元格,则 C2、C3 单元格显示的内容分别为(　　　)。

　　A. 1,1　　　　　　B. 2,1　　　　　　　C. 1,2　　　　　　　　D. 2,2

22. 与 WPS 表格 AI 指令"计算 F 列中大于等于 60 的数据的个数"相对应的计算公式是(　　　)。

　　A. =COUNTIF(F2:F11,">=60")　　　　B. =SUMIF(F2:F11,">=60")

　　C. =COUNT(F2:F11,">=60")　　　　　D. =AVERAGEIF(F2:F11,">=60")

二、判断题

1. 不同字段之间进行"或"运算的条件必须使用高级筛选。

2. 高级筛选不需要建立条件区域,只需要指定数据区域就可以。

3. 排序时如果有多个关键字段,则所有关键字段必须选用相同的排序方式(递增或递减)。

4. 数据透视表中的字段是不能进行修改的。

5. 修改了图表数据源单元格的数据,图表会自动跟着刷新。

6. 在 WPS 的表格中既可以按行排序,也可以按列排序。

7. 自动筛选的条件只能是一个,高级筛选的条件可以是多个。

8. 可以隐藏一个工作簿中的所有工作表。

9. WPS 表格的函数可以实现嵌套。

10. 在一个单元格中输入公式=AVERAGE(B1:B3),则该单元格显示的结果一定是(B1+B2+B3)/3 的值。

11. 可以对工作表中的部分数据进行汇总、筛选、排序等操作。

12. 复制公式到其他单元格时,公式引用的相对地址也相应的发生改变。

13. 生成图表时,在默认状态下该图表的标题是图表 1。

14. 工作表被删除后,数据被全部删除,而且不可用撤销来恢复。

15. 工作表中的行、列一旦被隐藏以后,对工作表所作的任何操作都将不影响这些行与列。

16. 公式和函数不能作为函数的参数。

17. WPS 表格分类汇总的字段可以是文本型。

18. WPS 表格分类汇总的"分类字段"只能有一个。

19. 在工作表上插入的图片不属于某一单元格。

20. 对数据清单排序时,汉字可以按笔画进行排序。

三、填空题

1. 在 WPS 表格中,使用函数 SUMIF(A1:A15,">100") 可以计算 A1 到 A15 单元格中_____。

2. 在 WPS 表格中,使用函数 =COUNTIF(A1:A15,">100") 可以计算 A1 到 A15 单元格中_____。

3. 在 WPS 表格中,使用函数 AVERAGE(A1:A5)可以计算 A1 到 A5 单元格的_____。

4. 在 WPS 表格中,使用函数 MAX(A$1:$A5)可以计算 A1 到 A5 单元格中的_____。

5. 在 WPS 表格中,使用函数 MIN($A$1:$A$5)可以计算 A1 到 A5 单元格中的_____。

6. 在 WPS 表格中,可以通过_____功能将选定的单元格内容进行删除操作。

7. 进行分类汇总之前,必须对数据清单进行_____。

8. 在 WPS 表格中,表示两个单元格引用在内的所有单元格引用的运算符是_____。

9. WPS 表格中的一行和一列相交构成一个_____。

10. 要重新显示被隐藏的行、列时,可以用_____命令来恢复。

四、参考答案

(一) 选择题

1. C　　　　　2. A　　　　　3. D　　　　　4. C　　　　　5. A

6. A   7. D   8. B   9. B   10. B
11. A   12. C   13. B   14. C   15. B
16. B   17. D   18. D   19. B   20. B
21. C   22. A

(二) 判断题

1. √   2. ×   3. ×   4. ×   5. √
6. √   7. ×   8. ×   9. √   10. √
11. √   12. √   13. ×   14. √   15. ×
16. ×   17. √   18. ×   19. √   20. √

(三) 填空题

1. 大于 100 的数值的和   2. 大于 100 的数值的个数
3. 平均值   4. 最大值
5. 最小值   6. 清除内容
7. 排序   8. 区域运算符
9. 单元格   10. 取消隐藏

练习7 WPS 演示文稿

一、选择题

1. 在 WPS 演示编辑界面中，选择（　　）可以设置幻灯片切换的效果。

    A. 文件→切换效果　　　　　　　　　B. 视图→切换效果

    C. 切换→切换效果　　　　　　　　　D. 动画→切换效果

2. 在 WPS 演示中，以下（　　）动画效果可以使文本逐渐放大显示。

    A. 飞入　　　　　　B. 放大/缩小　　　　　　C. 盒状　　　　　　D. 擦除

3. 在 WPS 演示中，不可以使用的对象是（　　）。

    A. 书签　　　　　　B. 超链接　　　　　　C. 视频　　　　　　D. 图片

4. 将 WPS 表格工作表中的数据粘贴到 WPS 演示中，使 WPS 表格中的数据内容发生改变时，保持 WPS 演示中的数据同步发生改变，以下最优的操作方法是（　　）。

    A. 使用复制→粘贴→使用目标主题

    B. 使用复制→粘贴→保留源格式

    C. 使用复制→选择性粘贴→粘贴→WPS 表格对象

    D. 使用复制→选择性粘贴→粘贴链接→WPS 表格对象

5. 将一个 WPS 演示文稿保存为放映文件，最优的操作方法是（　　）。

    A. 使用"文件"→"文件打包"命令　　　B. 将演示文稿另存为 .ppsx 文件格式

    C. 将演示文稿另存为 .potx 文件格式　　D. 将演示文稿另存为 .pptx 文件格式

6. 如需在 WPS 演示文稿的一张幻灯片后增加一张新幻灯片，最优的操作方法是（　　）。

    A. 执行"文件"→"新建"命令

    B. 单击"插入"选项卡中的"新建幻灯片"按钮

    C. 单击"视图"选项卡中的"新建窗口"命令

    D. 在普通视图左侧的幻灯片缩略图中按 Enter 键

7. 在 WPS 演示文稿中，需要将所有幻灯片中设置为"宋体"的文字全部修改为"微软雅黑"，最优的操作方式是（　　）。

    A. 在幻灯片母版中通过"字体"对话框，将标题和正文占位符中的字体修改为"微软雅黑"

B. 将"主题字体"设置为"微软雅黑"

C. 在幻灯片中逐个找到设置为"宋体"的文本,并通过"字体"对话框将字体修改为"微软雅黑"

D. 通过"替换字体"功能,将"宋体"批量替换为"微软雅黑"

8. 在 WPS 演示文稿的幻灯片中有两个图片文件,其中图片 1 把图片 2 覆盖住了,若要设置为图片 2 覆盖住图片 1,以下最优的操作方法是(　　　)。

A. 选中图片 1,右击,选择"置于顶层"命令

B. 选中图片 2,右击,选择"置于底层"命令

C. 选中图片 1,右击,选择"置于底层"或"下移一层"命令

D. 选中图片 1,右击,选择"置于顶层"或"上移一层"命令

9. 可以在 WPS 演示文稿内置主题中设置的内容是(　　　)。

A. 字体、颜色和表格　　　　　　　　B. 效果、背景和图片

C. 字体、颜色和效果　　　　　　　　D. 效果、图片和表格

10. 已设置了幻灯片的动画,但没有看到动画效果,是因为(　　　)。

A. 没有切换到幻灯片放映视图　　　B. 没有切换到幻灯片浏览视图

C. 没有切换到普通视图　　　　　　　D. 没有进入母版视图

11. 在 WPS 演示文稿的幻灯片中,任意对象的动画动作(　　　)。

A. 一般是先强调再设置其他动画动作

B. 一般是先退出再设置其他动画动作

C. 一般是先进入再设置其他动画动作

D. 一般是先设置动作路径再设置其他动画动作

12. 幻灯片中插入的超链接不可以链接到(　　　)。

A. 任意位置　　　　　　　　　　　　B. 本文档中的位置

C. 电子邮件地址　　　　　　　　　　D. 原有文件或网页

13. 在(　　　)视图,可方便地对幻灯片进行移动、复制和删除等编辑操作。

A. 幻灯片放映　　　　　　　　　　　B. 阅读

C. 普通　　　　　　　　　　　　　　D. 幻灯片浏览

14. WPS 演示提供的幻灯片设计模板(　　　)。

A. 没有样式没有内容　　　　　　　　B. 既有样式又有内容

C. 没有样式只有内容　　　　　　　　D. 只有样式没有内容

15. 在幻灯片浏览视图模式下,不允许进行的操作是(　　　)。

A. 幻灯片移动　　B. 幻灯片复制　　　C. 幻灯片删除　　　　　D. 设置幻灯片动画

16. 在 WPS 演示文稿中,超链接中所链接的目标可以是(　　　)。

A. 可执行文件　　　　　　　　　　　B. 其他幻灯片文件

C. 同一演示文稿的某一张幻灯片　　　D. 以上所有选项都可以

17. 对于幻灯片中文本框内的文字,设置项目符号可以采用(　　)。

    A. "设计"选项卡中的"版式"按钮

    B. "开始"选项卡中的"项目符号"按钮

    C. "格式"选项卡中的"项目符号"命令项

    D. "插入"选项卡中的"符号"按钮

18. 如果要从一张幻灯片"溶解"到下一张幻灯片,应使用(　　)选项卡进行设置。

    A. 设计　　　　　　B. 切换　　　　　　C. 放映　　　　　　D. 动画

二、判断题

1. 幻灯片母版可以使所有幻灯片具有相同的背景颜色及图案。

2. 可以改变单个幻灯片背景的图案和字体。

3. 在幻灯片中,超链接的颜色设置是不能改变的。

4. 在 WPS 演示文稿中创建和编辑的单页文档称为幻灯片。

5. WPS 的演示文稿就是幻灯片。

6. 在 WPS 的演示文稿中使用文本框,即可在幻灯片上输入文字。

7. 可以在任意两张幻灯片之间切换放映效果。

8. 设计动画时,仅可以在幻灯片内设计动画效果,不可以在幻灯片间设计动画效果。

9. 幻灯片放映范围中的"全部"是指从第一张幻灯片开始,必须依次放映到最后一张为止。

10. 在 WPS 演示中,演示文稿视图有普通视图、幻灯片浏览、备注页和阅读视图 4 种模式。

11. 在 WPS 演示中,不可以对插入的视频进行编辑。

12. 改变母版中的信息,演示文稿中的所有幻灯片将做相应改变。

13. 在幻灯片中,只能加入图片、图表和组织结构图等静态图像。

14. 在幻灯片中可编辑文本的字体、字号,也能插入其他对象,如图片、图表等。

三、填空题

1. 在 WPS 演示中,可以通过使用＿＿＿＿功能来设置幻灯片切换时间。

2. 按住鼠标左键,并拖动幻灯片到其他位置是进行幻灯片的＿＿＿＿操作。

3. 在 WPS 演示文稿中,设置幻灯片放映时的换页效果为"百叶窗",应使用的选项卡是＿＿＿＿。

4. 在 WPS 演示文稿中,＿＿＿＿选项卡可以实现拼写检查。

5. 要在幻灯片中插入表格、图片、艺术字、视频、音频等元素时,应在＿＿＿＿选项卡中操作。

6. 对幻灯片进行保存、打开、新建、打印等操作时,应在＿＿＿＿选项卡中操作。

7. 要设置幻灯片中对象的动画效果以及动画的出现方式时,应在_____选项卡中操作。

8. 要对幻灯片母版进行设计和修改时,应在_____选项卡中操作。

9. 要进行幻灯片背景格式设置、主题选择,可以在_____选项卡中操作。

四、参考答案

(一)选择题

1. C	2. B	3. A	4. D	5. B
6. D	7. D	8. C	9. C	10. A
11. C	12. A	13. D	14. D	15. D
16. D	17. B	18. B		

(二)判断题

1. √	2. √	3. ×	4. √	5. ×
6. √	7. √	8. ×	9. √	10. √
11. ×	12. √	13. ×	14. √	

(三)填空题

1. 幻灯片切换	2. 移动
3. 切换	4. 审阅
5. 插入	6. 文件
7. 动画	8. 视图
9. 设计	

练习 8　计算机网络基础与应用

一、选择题

1. 计算机网络是计算机技术和(　　　)相结合的产物。
   A. 网络技术　　　B. 通信技术　　　C. 人工智能技术　　　D. 管理技术
2. 计算机网络中不可或缺的硬件设备是(　　　)。
   A. 通信设备　　　B. 复制设备　　　C. 扫描设备　　　D. 打印设备
3. 计算机网络的目标是实现(　　　)。
   A. 数据处理　　　B. 文献检索　　　C. 资源共享和信息传输　　　D. 信息传输
4. 计算机网络的最大优点是(　　　)。
   A. 增大容量　　　B. 资源共享　　　C. 节省人力　　　D. 网页浏览
5. 下列 OSI 参考模型的描述,不正确的是(　　　)。
   A. 各厂商按该标准来生产相关设备
   B. 表达为 7 层的参考模型
   C. 最底层也是最基础的应用层,针对用户的不同应用需求
   D. 目的是实现开放系统互连
6. 网络体系结构 OSI 模型中,最顶层为(　　　)。
   A. 物理层　　　B. 数据链路层　　　C. 网络层　　　D. 应用层
7. 在计算机网络中,英文缩写 WAN 的中文名是(　　　)。
   A. 局域网　　　B. 无线网　　　C. 广域网　　　D. 城域网
8. 一个网吧将其所有的计算机连成网络,这网络是属于(　　　)。
   A. 广域网　　　B. 城域网　　　C. 局域网　　　D. 吧网
9. 星形结构的局域网,其中心点可能是(　　　),通过它将各主机集中到一起。
   A. 交换机　　　B. 工作站　　　C. 服务器　　　D. 电源
10. 双绞线传输距离一般是(　　　)左右。
    A. 100 m　　　B. 1 000 m　　　C. 100~1 000 m　　　D. 10 m
11. 在下列网络的传输介质中,抗干扰能力最好的一个是(　　　)。

A. 光纤   B. 同轴电缆   C. 双绞线   D. 电话线

12. 局域网传输介质一般采用(   )。

A. 光纤   B. 同轴电缆或双绞线

C. 电话线   D. 普通电线

13. 各种网络传输介质(   )。

A. 具有相同的传输速率和相同的传输距离

B. 具有不同的传输速率和不同的传输距离

C. 具有相同的传输速率和不同的传输距离

D. 具有不同的传输速率和相同的传输距离

14. 一台微型计算机要与局域网连接,本机必须安装的硬件是(   )。

A. 集线器   B. 网关   C. 网卡   D. 路由器

15. 在计算机网络中,若所有的计算机都连接到一个中心节点上,当一个网络节点传输数据时,首先传输到中心节点上,然后由中心节点转发到目的节点,这种连接结构称为(   )。

A. 总线型结构   B. 环形结构   C. 星形结构   D. 网状结构

16. 实现计算机网络需要硬件和软件,其中负责管理整个网络各种资源、协调各种操作的软件叫作(   )。

A. 网络应用软件   B. 通信协议软件

C. OSI   D. 网络操作系统

17. 网络协议是(   )。

A. 网络用户使用网络资源时必须遵守的规定

B. 网络计算机之间进行通信的规则

C. 网络操作系统

D. 用于编写通信软件的程序设计语言

18. 网络协议的三要素(   )。

A. 语法、语义和体系结构   B. 硬件、软件和数据

C. 语法、语义和同步   D. 体系结构、层次和语法

19. IP 地址是(   )。

A. 接入 Internet 的计算机地址编号   B. Internet 中网络资源的地理位置

C. Internet 中的子网地址   D. 接入 Internet 的局域网编号

20. 下列四项中,合法的 IP 地址是(   )。

A. 190.220.5   B. 206.53.3.78   C. 206.53.312.78   D. 123,43,82,220

21. IP 地址 195.98.0.120 属于(   )地址。

A. A 类   B. B 类   C. C 类   D. D 类

22. C 类网 IP 地址的特征是(   )。

A. 最高位是 0   B. 最高两位是 10

C. 最高三位是 110　　　　　　　　　　D. 最高四位是 1110

23. 下列选项中,合法的 IPv6 地址是(　　　)。

  A. 192.168.0.1　　　　　　　　　　B. C:38:101

  C. 2022::16af:ceda　　　　　　　　D. ff06::0:::c4

24. 以下有关 IPv6 地址的描述,不正确的是(　　　)。

  A. 有 32 个十六进制位　　　　　　B. 有 128 个二进制位

  C. 零压缩法的目的是缩减长度　　　D. 零压缩法可以用 1 至 2 次

25. 以下有关 IPv6 地址的描述,正确的是(　　　)。

  A. 用点分十进制形式表达

  B. 有 128 个二进制位

  C. 用冒号分隔的四组十六进制数

  D. AD80:ABAA:0000:00C2 是合法的 IPv6 地址

26. 以下上网方式中采用无线网络传输技术的是(　　　)。

  A. ADSL　　　　　B. Wi-Fi　　　　　C. 拨号接入　　　　D. 以上都是

27. 关于移动互联网接入技术,错误的是(　　　)。

  A. Wi-Fi 是目前应用广泛的无线局域网标准

  B. 蓝牙技术是一种无线广域网标准

  C. 5G 蜂窝技术是新一代无线广域网接入技术

  D. 微波也是一种无线接入方式

28. WWW 服务采用(　　　)协议。

  A. HTTP　　　　　B. FTP　　　　　C. SMTP　　　　　D. POP3

29. WWW 浏览器是(　　　)。

  A. 一种操作系统　　　　　　　　　B. TCP/IP 体系中的协议

  C. 浏览 WWW 的客户端　　　　　　D. 远程登录的程序

30. Internet 实现了分布在世界各地的各类网络的互联,其最基础和核心的协议是(　　　)。

  A. HTTP　　　　　B. TCP/IP　　　　C. HTML　　　　　D. FTP

31. TCP/IP 模型由(　　　)层构成。

  A. 3　　　　　　　B. 4　　　　　　　C. 5　　　　　　　D. 7

32. HTTP 是(　　　)。

  A. 网址　　　　　B. 域名　　　　　C. 高级语言　　　　D. 超文本传输协议

33. 用于计算机网络的无线传输一般是采用(　　　)。

  A. 可见光　　　　B. 紫外线　　　　C. 微波　　　　　D. 以上都不是

34. 在 Internet 中,用于实现域名和 IP 地址转换的是(　　　)。

  A. SMTP　　　　　B. DNS　　　　　C. FTP　　　　　D. TCP

35. 在 Internet 上浏览网页时,浏览器和 WWW 服务器之间传输网页使用的协议是(　　　)。

A. HTTP　　　　　B. IP　　　　　C. FTP　　　　　D. TCP

36. 根据 Internet 的域名代码规定,域名中的(　　　)表示教育机构网站。

　　A. .net　　　　　B. .com　　　　　C. .edu　　　　　D. .org

37. 以下关于域名的描述中,不正确的说法是(　　　)。

　　A. 一种字符型的主机命名机制　　　　B. 域名解析的目的是将 IP 地址转换为域名

　　C. 顶级域名在最右端　　　　D. 顶级域名可以是机构名

38. 在网络术语中,英文缩写 ISP 指的是(　　　)。

　　A. 电子邮局　　　　B. 电信局

　　C. Internet 服务商　　　　D. 供他人浏览的网页

39. 下列的英文缩写和中文名字的对照中,错误的是(　　　)。

　　A. URL——统一资源定位器　　　　B. ISP——因特网服务提供商

　　C. LAN——局域网　　　　D. HTTP——文件传输协议

40. 要想把个人计算机用电话拨号方式接入 Internet,除性能合适的计算机外,硬件上还应配置一个(　　　)。

　　A. 连接器　　　　B. 调制解调器　　　　C. 电话　　　　D. 网关

41. 计算机感染病毒的可能途径之一是(　　　)。

　　A. 从键盘上输入数据　　　　B. 通过电源线

　　C. 所使用的光盘表面不清洁　　　　D. 随意打开不明来历的电子邮件

42. 计算机病毒是(　　　)。

　　A. 一条命令　　　　B. 一段特殊的程序

　　C. 一种生物病毒　　　　D. 一种芯片

43. 计算机病毒的特点具有(　　　)。

　　A. 隐蔽性、可激发性、破坏性　　　　B. 隐蔽性、破坏性、易读性

　　C. 潜伏性、可激发性、易读性　　　　D. 传染性、潜伏性、隐蔽性、破坏性

44. 下列关于计算机病毒的叙述中,错误的是(　　　)。

　　A. 计算机病毒具有潜伏性

　　B. 计算机病毒具有传染性

　　C. 感染过计算机病毒的计算机具有对该病毒的免疫性

　　D. 计算机病毒是一个特殊的寄生程序

45. 计算机病毒是指能够侵入计算机系统并在计算机系统中潜伏、传播,破坏系统正常工作的一种具有繁殖能力的(　　　)。

　　A. 流行性感冒病毒　　　　B. 特殊程序

　　C. 特殊微生物　　　　D. 源程序

46. 木马程序一般是指潜藏在用户计算机中带有恶意性质的(　　　)。

　　A. 远程控制软件　　　　B. 计算机操作系统

C. 游戏软件　　　　　　　　　　D. 视频播放器

47. 下面关于木马的说法,错误的是(　　　)。

A. 木马不会主动传播　　　　　　B. 木马通常没有既定的攻击目标

C. 木马更多的目的是偷窃　　　　D. 木马有特定的图标

48. 下列关于计算机木马的说法,错误的是(　　　)。

A. WPS 文档也会感染木马

B. 尽量访问知名网站能减少感染木马的概率

C. 杀毒软件对防止木马泛滥具有重要作用

D. 只要不访问互联网,就能避免受到木马侵害

49. 木马与病毒的最大区别是(　　　)。

A. 木马不破坏文件,而病毒会破坏文件

B. 木马无法自我复制,而病毒能够自我复制

C. 木马无法使数据丢失,而病毒会使数据丢失

D. 木马不具有潜伏性,而病毒具有潜伏性

50. 关于防火墙的描述,错误的是(　　　)。

A. 是内部网络和外部网络之间的监控系统

B. 用于监控进出网络的数据流和来访者

C. 能记录通过防火墙的信息内容和活动

D. 能检查内部计算机是否被已知病毒感染,并清除该病毒

51. 以下关于云计算的说法,不正确的是(　　　)。

A. 是一种分布式计算

B. 以软件、平台、基础设施等服务的方式提供

C. "云"是互联网上提供服务的资源

D. 云计算等价于虚拟的数据中心

52. 以下关于物联网的说法,正确的是(　　　)。

A. 完全独立于现有互联网络

B. 物联网中的"物"指客观世界的物品,包括人、商品、地理环境等

C. 是新的物流技术

D. 比互联网更安全可靠的网络,黑客无法入侵

53. 云计算有多种层次的服务类型,其中"软件即服务"对应(　　　)。

A. 应用层　　　　B. 平台层　　　　C. 基础设施层　　　　D. 虚拟化层

54. 区块链技术中的非对称加密技术需要(　　　)和私钥成对出现。

A. 公钥　　　　　B. 密码　　　　　C. 解密密码　　　　　D. 加密密码

55. 区块链是一种"特殊"的分布式存储,不是其特性的是(　　　)。

A. 节点无须同步数据

B. 数据是由系统所有参与者来集体维护

C. 没有中心节点，每个节点都是平等的（P2P）

D. 每个节点都保存数据副本

二、判断题

1. 按覆盖的地理范围区分，计算机网络分为局域网、城域网和广域网。

2. 星形拓扑结构具有一个中心节点，所有其他节点都直接连接到这个中心节点。。

3. 局域网的信息传送速率比广域网高，所以其传送的误码率也比广域网高。

4. 为了能在网络上正确地传送信息，制定了一整套关于传输顺序、格式、内容和方式的约定，称为通信协议。

5. 计算机通信协议中的 TCP 称为传输控制协议。

6. OSI 的中文含义是开放系统互连参考模型。

7. 网络中的传输介质分为有线传输介质和无线传输介质两类。

8. 局域网传输介质一般采用双绞线或无线电波。

9. 任何连入局域网的计算机或服务器相互通信时都必须在主机上装入网卡。

10. IPv4 地址包括网络标识和主机标识两个部分。

11. MAC 地址也称为物理地址，是生产厂家嵌在网卡上的独一无二的编号。

12. 因特网中最基本的 IPv4 地址分为 A、B、C 三类，其中 C 类地址的网络地址占 3 个字节。

13. IPv6 的地址与 IPv4 不同，IPv6 是采用 128 位地址长度，提供的 IP 地址个数远超 IPv4。

14. 域名的组织域代码中，org 代表商业机构。

15. 在域名地址 www.moe.gov.cn 中，www 称为顶级域名。

16. 通过主机域名和 IP 地址都可以实现对服务器的访问。

17. Internet 上有许多不同的复杂网络和不同类型的计算机，它们之间互相通信的基础是 TCP/IP 协议。

18. 域名系统 DNS 将域名翻译成对应的数字型 IP 地址。

19. WWW（World Wide Web）是一种基于超文本文件的网络服务。

20. 在 Internet 上，每一个电子邮件用户所拥有的电子邮件地址称为 E-mail 地址，它具有如下统一格式：用户名 @ 主机域名。

21. 电子邮件中插入的附件可以为任意类型的文件。

22. 当个人计算机以拨号方式接入 Internet 时，必须使用 Modem。

23. 计算机病毒是一种人为制造的程序或指令集合。

24. 计算机病毒的特性有传染性、破坏性、潜伏性、针对性。

25. 对计算机病毒必须以预防为主。

26. 计算机木马就是冒充合法程序却危害计算机安全的非法后门程序。

27. 计算机黑客的攻击都是破坏性的。

28. 网络防火墙能防止所有的网络攻击,保障网络安全。

29. 云计算就是一种提供资源的网络,用户按需和可扩展的方式获得所需的资源。

30. 物联网是一种把物品与互联网相连接,以实现智能化识别、定位、跟踪、监控和管理的一种网络。

31. 物联网是在互联网基础上的延伸和拓展。

32. 物联网架构的感知层主要完成数据采集工作,网络层通过各种通信网络设施和通信协议来完成数据传输工作,应用层主要完成数据的分析、处理、存储。

33. 区块链技术利用块链式数据结构来验证与存储数据,利用分布式节点共识算法来生成和更新数据。

34. 区块链是一种去中心化的分布式共享记账技术,它要做的事情就是让参与的各方能够在技术层面建立信任关系。

三、填空题

1. 计算机网络的基本功能是_____和数据通信。

2. 计算机网络按地理位置分类,可以分为_____、城域网和广域网。

3. 覆盖一个国家、地区或几个洲的计算机网络称为_____。

4. OSI 参考模型分为 7 层,分别是物理层、数据链路层、_____、传输层、会话层、表示层和应用层。

5. TCP/IP 参考模型分为 4 层,分别是网络接口层、网络层、_____和应用层。

6. Internet 上的计算机使用的是_____协议。

7. 构成网络协议的三要素是语义、语法、_____。

8. TCP/IP 参考模型的_____对应着 OSI 参考模型的物理层和数据链路层。

9. 局域网的拓扑结构主要有总线型、_____、环形、树形和网状形。

10. 常见的有线传输介质有同轴电缆、_____、光纤等。

11. Wi-Fi 能够将计算机、手机等终端设备以_____方式互相连接。

12. 无线局域网的英文缩写为_____,是一种以无线电波或者红外线作为信号传输介质的技术。

13. 路由器的主要作用是连接不同的子网,其工作在 OSI 参考模型的_____层。

14. IPv4 地址由_____位二进制数组成。

15. IPv6 地址由_____位二进制数组成。

16. 学校计算机房中某台计算机的 IP 地址为"192.168.0.27",此地址为_____类地址。

17. IP 地址 131.98.20.36 属于_____类地址。

18. 域名服务系统(DNS)提供将_____转换成对应 IP 地址的服务。

19. 超文本标记语言的英文缩写是_____。

20. 用于将 WWW 服务器的文档传送给浏览器的协议是_____。

21. Internet 广泛使用的电子邮件传送协议是_____。

22. 计算机病毒本质上是人为设计、可执行的破坏性_____。

23. 所谓的木马是指那些冒充合法程序却以危害计算机安全为目的的非法后门_____。

24. _____是指隔离本地网络与外界网络之间的一道防御系统,在内部网和外部网之间、专用网与公共网之间构造保护屏障。

25. 广义上说,云计算是与信息技术、软件、互联网相关的一种_____。

26. 物联网的英文缩写是_____。

27. 区块链是一种以密码学方式保证的不可篡改和不可伪造的_____账本。

四、参考答案

(一) 选择题

1. B	2. A	3. C	4. B	5. C
6. D	7. C	8. C	9. A	10. A
11. A	12. B	13. B	14. C	15. C
16. D	17. B	18. C	19. A	20. B
21. C	22. C	23. C	24. D	25. B
26. B	27. B	28. A	29. C	30. B
31. B	32. D	33. C	34. B	35. A
36. C	37. B	38. C	39. D	40. B
41. D	42. B	43. D	44. C	45. B
46. A	47. D	48. D	49. B	50. D
51. D	52. B	53. A	54. A	55. A

(二) 判断题

1. √	2. √	3. ×	4. √	5. √
6. √	7. √	8. √	9. √	10. √
11. √	12. √	13. √	14. ×	15. ×
16. √	17. √	18. √	19. √	20. √
21. √	22. √	23. √	24. √	25. √
26. √	27. ×	28. ×	29. √	30. √
31. √	32. √	33. √	34. √	

(三) 填空题

1. 资源共享
2. 局域网
3. 广域网
4. 网络层
5. 传输层
6. TCP/IP
7. 时序或同步
8. 网络接口层
9. 星形
10. 双绞线
11. 无线
12. WLAN
13. 网络
14. 32
15. 128
16. C
17. B
18. 域名
19. HTML
20. HTTP
21. SMTP
22. 程序
23. 程序
24. 防火墙
25. 服务
26. IoT
27. 分布式

练习9　问题求解与算法基础

一、选择题

1. 下列叙述中,正确的是(　　)。
   A. 用高级语言编写的程序称为源程序
   B. 计算机能直接识别并执行用汇编语言编写的程序
   C. 机器语言编写的程序执行效率最低
   D. 不同型号的计算机具有相同的机器语言

2. 计算机能直接识别、执行的语言是(　　)。
   A. 汇编语言　　　　B. 机器语言　　　　C. 高级语言　　　　D. Python 语言

3. 把用高级程序设计语言编写的源程序翻译成目标程序的程序称为(　　)。
   A. 汇编程序　　　　B. 编辑程序　　　　C. 编译程序　　　　D. 解释程序

4. 下列说法中,正确的是(　　)。
   A. 只要将用高级语言编写的源程序文件的扩展名更改为 .exe,则它就成为可执行文件了
   B. 当代高级的计算机可以直接执行用高级语言编写的程序
   C. 用高级语言编写的源程序经过编译和连接后成为可执行程序
   D. 用高级语言编写的程序可移植性和可读性都很差

5. 用机器语言编写的程序在计算机内是以(　　)形式存放的。
   A. BCD 码　　　　B. 二进制编码　　　　C. ASCII 码　　　　D. 汉字编码

6. Python 语言属于一种(　　)。
   A. 机器语言　　　　B. 低级语言　　　　C. 高级语言　　　　D. 汇编语言

7. 用 Python 语言编写的程序被称为(　　)。
   A. 可执行程序　　　　B. 源程序　　　　C. 目标程序　　　　D. 编译程序

8. 为了提高软件开发效率,开发软件时通常采用(　　)。
   A. 汇编语言　　　　B. 机器语言　　　　C. 指令系统　　　　D. 高级语言

9. 解释程序的功能是(　　)。
   A. 解释执行机器语言程序　　　　　　　　B. 解释执行高级语言程序

C. 将汇编语言程序解释成目标程序　　　D. 将高级语言程序解释成目标程序

10. 将目标程序文件(.obj)转换成可执行文件(.exe)的程序称为(　　　)。

　　A. 编辑程序　　　　B. 编译程序　　　　C. 连接程序　　　　D. 汇编程序

11. 在面向对象方法中,一个对象请求另一个对象为其服务的方式是通过(　　　)发送的。

　　A. 调用语句　　　　B. 命令　　　　　　C. 口令　　　　　　D. 消息

12. 结构化程序设计的 3 种基本结构是(　　　)。

　　A. 顺序、选择、循环　　　　　　　　　　B. 递归、嵌套、调用

　　C. 过程、子过程、主程序　　　　　　　　D. 顺序、转移、调用

13. 以下(　　　)不是面向对象程序设计的特征。

　　A. 多态性　　　　　B. 过程调用　　　　C. 封装性　　　　　D. 继承性

14. 在程序设计过程中,(　　　)是核心。

　　A. 设计算法　　　　B. 编写程序　　　　C. 设计用户界面　　D. 调试程序

15. 用计算机解决问题的一般步骤是(　　　)。

　　A. 分析问题—编写程序—设计算法—调试程序

　　B. 分析问题—调试程序—设计算法—编写程序

　　C. 分析问题—编写程序—调试程序—描述算法

　　D. 分析问题—设计算法—编写程序—调试程序

16. 算法必须具备输入、输出、(　　　)5 个特性。

　　A. 可执行性、可移植性和可扩充性　　　　B. 有效性、确定性和有穷性

　　C. 确定性、有穷性和稳定性　　　　　　　D. 易读性、稳定性和安全性

17. 有一组数据,其值分别为:"a","b", …,"y","z",如果要查找字母 "q" 在这组数据中的位置编号,较快的算法是(　　　)。

　　A. 顺序查找　　　　B. 二分查找　　　　C. 选择排序　　　　D. 插入法

18. 百钱买百鸡问题。公鸡一只五块钱,母鸡一只三块钱,小鸡三只一块钱,现在要用一百块钱买一百只鸡,问公鸡、母鸡、小鸡各有多少只? 如果想编程解决此问题,应采用的算法是(　　　)。

　　A. 插入法　　　　　B. 穷举法　　　　　C. 解析法　　　　　D. 查找法

19. 某加油站为了促销,规定每逢双休日,汽油降价 0.3 元/升,否则不降价。这一问题可以用(　　　)描述。

　　A. 数据结构　　　　B. 循环结构　　　　C. 顺序结构　　　　D. 选择结构

20. 设计程序计算若干数之和,最适合用的程序结构是(　　　)。

　　A. 循环结构　　　　B. 选择结构　　　　C. 赋值结构　　　　D. 顺序结构

21. 对于算法,介于自然语言和高级语言之间的文字和符号描述工具是(　　　)。

　　A. 流程图　　　　　B. 伪代码　　　　　C. N–S 图　　　　　D. 低级语言

22. Python 语言中的注释语句一般以(　　　)符号开头。

　　A. %　　　　　　　B. $　　　　　　　　C. #　　　　　　　　D. @

23. Python 语言中表达式 1234%1000//100 的值为（   ）。

    A. 2   B. 12   C. 123   D. 1234

24. 在 Python 语言中，表达式 1//2 的值是（   ）。

    A. 0   B. 0.5   C. 1/2   D. 报错

25. 下面不可用来做 Python 标识符的是（   ）。

    A. for   B. a3   C. _a   D. a_

26. 在 Python 语言中，若 x 变量已经存在，则下列赋值错误的是（   ）。

    A. x=y=1   B. x+=1   C. x,y=1,2   D. x=(y=1)

27. 在 Python 语言中，若 x=［3,4,6,8,1,-1］,则对元素的访问方式错误的是（   ）。

    A. x［6］   B. x［0］   C. x［-1］   D. x［1:2］

28. 在 Python 语言中，已知 a="abcdefg",则 a［2］的值为（   ）。

    A. b   B. c   C. d   D. e

29. Python 语言语句块的标记是（   ）。

    A. 分号   B. 逗号   C. 缩进   D. /

30. 以下不合法的 Python 表达式是（   ）。

    A. x in range（6） B. 3=a   C. e>5 and f==4   D. (x-6)>5

31. 已知 x=43,ch='A',y=1,则 Python 表达式（x>=y and ch<'b' and y==1）的值是（   ）。

    A. False   B. True   C. 出错   D. 2

32. 已知 x=3,那么执行 Python 语句 x+= 6 之后,x 的值为（   ）。

    A. 9   B. 3   C. 6   D. 出错

33. Python 函数 range（ ）用于生成整数等差数列,则 range（10）生成的等差数列的等差是
（   ）。

    A. 3   B. 2   C. 1   D. 0

34. Python 语言中常用的输入函数是（   ）。

    A. in（ ）   B. input（ ）   C. scanf（ ）   D. print（ ）

35. 在 Python 语言中,可以作为源文件后缀名的是（   ）。

    A. png   B. pdf   C. py   D. ppt

36. 下列程序的运行结果是（   ）。

```
i = input('请输入第一个数字:')     #输入 3
j = input('请输入第二个数字:')     #输入 3
sum=i+j
print（sum）
```

    A. 3   B. 33   C. 6   D. 0

37. 以下关于 Python 缩进的描述中,错误的是（   ）。

    A. Python 用严格的缩进表示程序的格式框架,所有代码都需要在行前至少加一个空格

B. 缩进是可以嵌套的,从而形成多层缩进

C. 缩进表达了所属关系和代码块的所属范围

D. 判断、循环、函数等都能够通过缩进包含一批语句

38. 下面 Python 表达式的值不是 1 的是(　　　)。

A. int(1.5)　　　　B. int('1')　　　　C. int(True)　　　　D. int(False)

39. Python 不支持的数据类型有(　　　)。

A. char　　　　B. int　　　　C. float　　　　D. list

40. 与 Python 关系表达式 x==0 等价的表达式是(　　　)。

A. x　　　　B. x!=true　　　　C. not x　　　　D. x! =1

41. 在 Python 中,关于下列 for 循环,叙述正确的是(　　　)。

```
for t in range(1,21,2):
    x = int(input())
    if x<0:
        continue
    print(x)
```

A. 当 x<0 时整个循环结束　　　　B. 当 x>=0 时什么也不输出

C. print 函数从来不会执行　　　　D. 最多允许输出 10 个非负整数

42. 下面 Python 循环体执行的次数与其他不同的是(　　　)。

A.
```
i = 0
while i <= 10:
    i += 1
```
B.
```
i = 10
while i > 0:
    i -= 1
```

C.
```
for i in range(10):
    print(i)
```
D.
```
for i in range(10,0,-1):
    print(i)
```

43. 执行 Python 语句 list(range(1,10,3)),将输出(　　　)。

A. [1,2,3,4,5,6,7,8,9,10]　　　　B. [1,4,7]

C. [1,2,3]　　　　D. [0,1,2,3,4,5,6,7,8,9]

44. Python 表达式 1.1-1==0.1(　　　)。

A. 一定是 True　　　　B. 可能是 False

C. 表达式错了　　　　D. 输出 1

45. 执行 Python 语句 input()+input(),若从键盘分别输入 1 和 2,则将输出(　　　)。

A. 3　　　　B. 12　　　　C. '3'　　　　D. '12'

46. Python 中关于模块的导入,不合法的语句是(　　　)。

A. import 模块名　　　　B. from 模块名 import 函数名

C. from 模块名 import *　　　　D. import * from 模块名

47. 以下(　　　)不是正确的关系运算符。

　　A. >　　　　　　　B. <　　　　　　　C. =　　　　　　　D. !=

48. 用计算机求解问题时,首先应该确定程序"做什么",然后再确定程序"如何做"。"如何做"是属于用计算机进行问题求解的(　　　)。

　　A. 分析问题　　　B. 设计算法　　　C. 编写程序　　　D. 调试程序

49. Python 语句 print(0xA+0xB)的输出结果是(　　　)。

　　A. 0xA+0xB　　　B. A+B　　　　C. 0xA0xB　　　D. 21

50. 变量 x 中存放了一个两位整数,要将 x 的个位数字和十位数字交换位置,例如,13 变成 31,正确的 Python 表达式是(　　　)。

　　A. (x%10)*10+x//10　　　　　　　B. (x%10)//10+x//10

　　C. (x/10)%10+x//10　　　　　　　D. (x%10)*10+x/10

51. 与数学表达式 cd/2ab 对应的 Python 表达式中,不正确的是(　　　)。

　　A. c*d/(2*a*b)　　B. c/2*d/a/b　　　C. c*d/2*a*b　　　D. c*d/2/a/b

52. 以下 Python 语句中,不能完成 1~10 的累加功能的是(　　　)。

　　A. Sum1 = 0　　　　　　　　　　　　B. Sum1 = 0

　　　　for i in range(10,0):　　　　　　　　for i in range(1,11):

　　　　　　Sum1 += i　　　　　　　　　　　　　Sum1 += i

　　C. Sum1 = 0　　　　　　　　　　　　D. Sum1 = 0

　　　　for i in range(10,-1,-1):　　　　　　for i in (10,9,8,7,6,5,4,3,2,1):

　　　　　　Sum1 += i　　　　　　　　　　　　　Sum1 += i

53. 在 Python 中,对于列表 L=［1,2,'Python',［1,2,3,4,5］］,L［-3］表示的是(　　　)。

　　A. 1　　　　　　B. 2　　　　　　　C. 'Python'　　　　D. ［1,2,3,4,5］

54. 在 Python 中,对于列表 L=［1,2,'Python',［10,20,30,40,50］］,L［-1］［0］表示的是(　　　)。

　　A. 1　　　　　　　　　　　　　　　B. 50

　　C. 10　　　　　　　　　　　　　　　D. ［10,20,30,40,50］

55. 以下选项中,属于 Python 语言中合法的二进制整数是(　　　)。

　　A. 0B1010　　　B. 0b1708　　　　C. 0B1019　　　D. 0bC3F

56. Python 表达式 eval('500//10')的结果为(　　　)。

　　A. '500/10'　　　B. 500/10　　　　C. 50　　　　　D. 50.0

57. 在 Python 中,若 a="abcdefg",则 a［2:4］的值为(　　　)。

　　A. 'bc'　　　　　B. 'bcd'　　　　　C. 'cde'　　　　　D. 'cd'

58. 在 Python 中,若 a=［i*i for i in range(10)］,则 a［3］的值为(　　　)。

　　A. 3　　　　　　B. 4　　　　　　　C. 9　　　　　　D. 16

59. 在 Python 中,从键盘分别输入 12,34 和 4+5,以下程序的运行结果为(　　　)。

　　x1,x2 = eval(input())

x2 = eval(input( ))

print(x1 + x2)

  A. 46   B. 21   C. 16   D. 17

60. Python 表达式 sum([12,10,12,5])-sum({12,10,12,5}) 的值是（ ）。

  A. 12   B. 10   C. 5   D. 0

61. 已知字典 d = {'1':10,'2':20,'3':30}，则对字典 d 的正确引用是（ ）。

  A. d(1)   B. d[1]   C. d['1']   D. d['one']

62. 已知字典 d = {'1':10,'2':20,'3':30}，则 d.get('three',50) 的值是（ ）。

  A. 10   B. 20   C. 30   D. 50

二、判断题

1. 能被计算机直接识别并执行的只有机器语言。

2. 不同硬件结构的计算机具有不同的机器语言。

3. 高级语言是计算机硬件能直接识别和执行的语言。

4. 算法是问题求解规则的一种过程描述，而程序是这个过程描述的具体实现。

5. 一个算法可以出现无限次执行的步骤。

6. 面向对象程序设计中，类是具有相同属性和行为的一组对象的集合。

7. 算法一定要用伪代码来描述。

8. 程序是为完成一项特定任务而用某种语言编写的一组指令序列。

9. 程序设计不是简单编写代码，而是反映利用计算机解决问题的全过程。

10. 源程序通过编译程序的处理可以生成目标程序，并可以把它保存在磁盘上。

11. 任何复杂问题的结构化算法都由顺序、选择、循环 3 种结构组成。

12. Python 是一种高级语言，计算机不能直接识别，所以需要将 Python 源程序编译成目标程序。

13. Python 变量名必须以字母或下划线开头，并且区分字母大小写。

14. 在 Python 中可以使用 if 作为变量名。

15. Python 语句 x,y,y=2,3,4 执行后，变量 y 的值为 3。

16. [1,2,3,4,5,'five numbers'] 是合法的 Python 列表(list)。

17. Python 中的 "=" 表示 "等于" 判断，"==" 表示赋值。

18. 如果仅仅是用于控制循环次数，那么使用 for i in range(20) 和 for i in range(20,40) 的作用是等价的。

19. Python 中的 while 循环语句可以执行 0 或多次循环体，for 循环语句至少执行一次循环体。

20. Python 中的 input 函数从键盘读取一行字符。

21. Python 中的 print 函数输出多个输出项时，默认以逗号为分隔符。

22. def 是 Python 中定义函数的关键字。

23. Python 绘图通常用到 NumPy 和 Matplotlib 两个第三方库。

24. 穷举法是对众多可能解,按某种顺序进行逐一枚举和检验的算法。

25. 递归算法就是一种直接或间接地调用自身的算法。

三、填空题

1. 计算机解决问题的方法和步骤,就是计算机解题的_____。

2. 面向对象程序设计以_____作为程序的主体。

3. 结构化程序设计的 3 种基本结构为顺序结构、选择结构和_____结构。

4. 程序设计的基本步骤是:分析问题,确定数学模型;设计_____,并画出流程图;编写程序代码;调试程序并分析输出结果。

5. 算法是对问题求解过程的一种描述。一个算法必须总是在执行有穷步之后结束,且每一步都可在有限时间内完成,这种性质被称为算法的_____性。

6. 在各种算法的描述方式中,直观性最强的描述方式是_____。

7. Python 语言采用严格的_____来表明程序的格式框架以及表示代码之间的包含和层次关系。

8. Python 使用符号_____表示注释。

9. 在 Python 中,用_____语句导入模块。

10. 假定变量 x=3,y=4,z=5,执行以下 Python 程序段:

    x=y

    y=z

    z=x

则 z 的值为_____。

11. Python 语句 print(5**2–5*2)的执行结果是_____。

12. Python 语句 eval('2*3')执行后会输出_____。

13. 在 Python 中,执行语句 import math 后,可用_____表示圆周率。

14. 在 Python 中,若 x=［1,3,5］,则 x［1］的值为_____。

15. 在 Python 语言中,表示逻辑真和逻辑假的常量是_____和 False。

16. 在 Python 的循环语句中,_____语句的作用是提前结束本次循环。

17. 若已经执行 Python 语句:import math,则表达式 math.sqrt(3**2+4**2)的值是_____。

18. Python 的复数形式为 a+b_____。

19. Python 函数 sum(［i for i in range(1,9)if i & 1］)的值为_____。

20. 循环语句 for i in range(_____,–4,–2)可使得循环执行 15 次。

21. x,y 都为浮点数,则可以用 abs(x–y)<1e–10 判断 x 和 y 是否_____。

22. 下列 Python 语句：

```
for i in range(1,5):
    print(i,end=' ')
```

输出_____。

23. 迭代是一种建立在_____基础上的算法。

24. Python 解释器的提示符为_____。

25. 在 Python 中，设有 s1=[1,2,3]，则 s1.remove(1)执行后,s1 的值为_____。

26. 在 Python 中,设有 s=['a','b','c','d','e'],则 s[::-1]的值为_____;s[-2:-1]的值为_____。

27. lambda 函数用于创建一个_____函数。

28. 执行下列 Python 语句,共执行循环_____次。

```
i=-1
while i<0:
    i*=i
    print(i)
```

29. Python 语句 pow(-3,2)的值为_____。

30. 表达式[3]*4 的值是_____。

四、阅读程序题

1. 下列程序的运行结果是(　　)。

```
s,m = 0,1
for i in range(2,7):
    if i % 2 == 0:
        s = s + i
    else:
        m = m * i
print(s,',',m)
```

2. 下列程序的运行结果是(　　)。

```
import numpy as np
a = np.arange(11)
s = sum(a[np.where(a % 2 == 1)])
print(s)
```

3. 下列程序的运行结果是(　　)。

```
a = 10
```

```
b = 3
print(a//b)
```

4. 程序运行时分别输入 20、30,则程序运行结果是(   )。

```
a = input('a=?')
b = input('b=?')
a,b = b,a
print(a + b)
```

5. 下列程序的运行结果是(   )。

```
a = 1
a,b = 2,a
print(b)
```

6. 程序运行时输入 1234,则程序的运行结果是(   )。

```
m = int(input("m="))
if m % 4 == 2 or m % 9 == 5:
    print("Yes")
else:
    print("No")
```

7. 下列程序执行后,a[2]的值为(   )。

```
a = [4,3,2,5]
if a[0] > a[1]:
    a[0],a[1] = a[1],a[0]
if a[1] > a[2]:
    a[1],a[2] = a[2],a[1]
print(a)
```

8. 下列程序的运行结果是(   )。

```
i = 1
while i < 6:
    i = i + 1
else:
    i = i *3
print(i)
```

9. 程序运行时输入 24537,则程序运行后 c 的值为(   )。

```
n = int(input('n='))
c = 0
while n! =0:
```

```
        n = n//10
        c = c+1
```

10. 下列程序的运行结果是（　　　）。

```
sum = 0
for i in range(10):
    if i//3 == 2:
        continue
    sum = sum + i
print(sum)
```

11. 以下 while 循环执行的循环次数是（　　　）。

```
i = 0
while i < 10:
  if i < 1:
    i += 1
    continue
  if i == 5:break
  i += 1
```

12. 程序运行时输入 3,2,则程序运行后 s 和 c 的值分别是（　　　）。

```
a,b = eval(input('a,b='))
c = s = 0
for i in range(0,a):
    c = c * 10 + b
    s = s + c
```

13. 下列程序的功能是（　　　）。

```
total = 0
number = 1
while number <= 100:
    total = total + number
    number += 1
print("total=",total)
```

14. 程序运行时分别输入 −1、0、4,则程序运行后 y 的值分别为（　　　）。

```
from math import *
x = int(input('x='))
if x < 0:
    y = pow(x,2)+abs(x)+1
```

$$elif\ x == 0:$$

$$y = \cos(x) + pow(10, x)$$

$$else:$$

$$y = sqrt(x) + pow(2*x, 1/3)$$

15. 下列程序的功能是（　　　）。

```
import numpy as np
from matplotlib import pyplot as plt
t = np.arange(0, 2 * np.pi, np.pi/1000)
x = np.sin(t)
y = np.cos(t)
plt.plot(x, y)
plt.axis('equal')
plt.show()
```

16. 下列程序的功能是（　　　）。

```
import numpy as np
from matplotlib import pyplot as plt
fig = plt.figure()                               # 创建图形窗口对象
ax = plt.axes(projection='3d')                   # 创建三维坐标轴对象
x = np.linspace(-2, 2, 100)
X, Y = np.meshgrid(x, x)
Z = X * np.exp(-(X * X + Y * Y))
ax.plot_surface(X, Y, Z, cmap='rainbow')         # 绘制曲面图并设置 rainbow 色图
plt.show()
```

五、参考答案

（一）选择题

1. A	2. B	3. C	4. C	5. B
6. C	7. B	8. D	9. B	10. C
11. D	12. A	13. B	14. A	15. D
16. B	17. B	18. B	19. D	20. A
21. B	22. C	23. A	24. A	25. A
26. D	27. A	28. B	29. C	30. B
31. B	32. A	33. C	34. B	35. C

36. B	37. A	38. D	39. A	40. C
41. D	42. A	43. B	44. B	45. D
46. D	47. C	48. B	49. D	50. A
51. C	52. A	53. B	54. C	55. A
56. C	57. D	58. C	59. B	60. A
61. C	62. D			

(二) 判断题

1. √	2. √	3. ×	4. √	5. ×
6. √	7. ×	8. √	9. √	10. √
11. √	12. ×	13. √	14. ×	15. ×
16. √	17. ×	18. √	19. ×	20. √
21. ×	22. √	23. √	24. √	25. √

(三) 填空题

1. 算法	2. 对象
3. 循环	4. 算法
5. 有穷	6. 流程图
7. 缩进	8. #
9. import	10. 4
11. 15	12. 6
13. math.pi	14. 3
15. True	16. continue
17. 5.0	18. J 或 j
19. 16	20. 25 或 26
21. 相等	22. 1 2 3 4
23. 循环	24. >>>
25. [2,3]	26. ['e','d','c','b','a'] , ['d']
27. 匿名	28. 1
29. 9	30. [3,3,3,3]

(四) 阅读程序题

1. 12,15	2. 25
3. 3	4. 3020
5. 1	6. Yes

7. 4

8. 18

9. 5

10. 24

11. 6

12. 246,222

13. 计算 1 到 100 之和

14. 3.0,2.0,4.0

15. 绘制一个单位圆

16. 在 $[-2,2] \times [-2,2]$ 平面区域内绘制曲面图 $z = xe^{-(x^2+y^2)}$。

学 习 篇

第 1 章　操作系统应用与提高

　　操作系统作为计算机的核心软件,在计算机系统中扮演着至关重要的角色。掌握操作系统的使用方法也是应用计算机的基本技能。从实用角度出发,本章介绍 Windows 10 操作系统的高级应用和操作技巧。通过本章的学习,使读者掌握 Windows 操作系统基本知识和技术,提高分析和解决问题的能力。

　　本章要点:

　　(1) 系统管理。

　　(2) 设备管理。

　　(3) 注册表。

　　(4) 系统备份与还原。

　　(5) 其他操作系统。

1.1　系　统　管　理

　　在 Windows 10 中可以对系统进行管理,如系统的个性化设置、日期时间设置、输入法设置、分区管理等操作。

1.1.1　个性化设置

　　Windows 10 系统的个性化设置包括桌面背景、颜色、锁屏界面、"开始"菜单等,用户可以根据自己的喜好设置不同的风格。

　　设置方法是:在系统桌面空白区域单击鼠标右键(以下简称右击),在弹出的快捷菜单中选择"个性化"命令,打开"设置"窗口,单击相应的按钮就可以进行个性化设置。

　　① "背景"选项。在背景设置界面中,用户可以更改为图片、纯色或者幻灯片放映。

　　② "颜色"选项。在颜色设置界面中,用户可以选择不同的"Windows 颜色",也可以单击"自定义颜色"按钮,在打开的对话框中自定义需要的主题颜色。

　　③ "锁屏界面"选项。在锁屏界面设置中,用户可以设置锁屏背景、屏幕超时和屏幕保护程序。

④ "主题"选项。在主题设置界面中,用户可以进行背景、颜色、声音和鼠标光标等主题设置。

⑤ "开始"选项。在开始设置界面中,用户可以设置"开始"菜单中显示的应用软件图标等。

⑥ "任务栏"选项。用户可以设置任务栏在屏幕上的显示位置和显示内容等。

1.1.2　日期时间设置

若系统的日期时间不是当前的日期时间,可将其设置为当前的日期和时间,还可对日期的格式进行设置。

单击"开始"菜单中的"设置"按钮,打开"设置"窗口,如图 1-1 所示,单击"时间和语言"图标,打开"时间和语言"设置窗口。在该窗口中可对系统提供的日期和时间、区域和语言等进行设置。

图 1-1　"设置"窗口

1.1.3　输入法设置

在计算机中输入汉字时,需要使用汉字输入法,常用的汉字输入法有拼音输入法、五笔输入法等。

设置输入法的方法如下。

① 单击"开始"菜单中的"设置"按钮,打开"设置"窗口。

② 选择"时间和语言"→"语言"选项,在右侧"语言"窗口中单击"首选语言"→"中文(简体,中国)"选项,再单击"选项"按钮,打开"语言选项:中文(简体,中国)"窗口,在"键盘"栏中添加

或删除输入法即可。

设置好输入法后，可以按微软徽标键■+空格键，或者按 Ctrl+Shift 组合键切换输入法。

1.1.4　分区管理

用户可对磁盘进行分区管理，可在程序向导的帮助下进行创建简单卷、删除简单卷、扩展磁盘分区、压缩磁盘分区等操作。

1. 创建简单卷

在磁盘管理窗口中新增一个磁盘，具体操作方法如下。

① 在"此电脑"窗口中，单击"计算机"→"系统"组中的"管理"按钮，打开"计算机管理"窗口，选择"磁盘管理"选项。

② 在动态磁盘上创建压缩卷，单击压缩后的可用空间（显示"未分配"），选择"操作"→"所有任务"→"新建简单卷"命令，或在要创建简单卷的动态磁盘的可分配空间上右击，在其快捷菜单中选择"新建简单卷"命令，打开新建简单卷向导对话框，单击"下一步"按钮，在该对话框中指定卷的大小，继续单击"下一步"按钮。

③ 分配驱动器号和路径后，单击"下一步"按钮。

④ 设置的需要参数，格式化新建分区后，单击"下一步"按钮。

⑤ 显示设定的参数，单击"完成"按钮，即完成创建简单卷的操作。

2. 删除简单卷

在需要删除的简单卷上右击，在其快捷菜单中选择"删除卷"命令，或者选择"操作"→"所有任务"→"删除卷"命令，在弹出的提示对话框中单击"是"按钮，即完成删除卷操作。删除后原区域显示为可用空间。

3. 扩展磁盘分区

在需要扩展的卷上右击，在其快捷菜单中选择"扩展卷"命令，或者选择"操作"→"所有任务"→"扩展卷"命令，打开扩展卷向导对话框，单击"下一步"按钮，指定磁盘的"空间量"参数，单击"下一步"按钮，继续单击"完成"按钮，退出扩展卷向导对话框。此时，磁盘的容量将把可用空间扩展进来。

4. 压缩磁盘分区

在需要压缩的卷上右击，在其快捷菜单中选择"压缩卷"命令，或者选择"操作"→"所有任务"→"压缩卷"命令，在打开的压缩对话框中指定"输入压缩空间量"参数，单击"压缩"按钮完成压缩。压缩后的磁盘分区将变成可用空间。

1.2　设备管理

在 Windows 10 系统中,使用设备管理器可以查看和更改设备属性、更新设备驱动程序、配置设备设置、卸载设备和重新安装设置等。

1.2.1　设备的查看

设备的查看也就是查看计算机中所安装的硬件设备的详细信息,如硬盘配置的详细信息,包括其状态、正在使用的驱动程序以及其他信息。了解这些信息,以便安装和更新硬件设备的驱动程序、修改这些设备的硬件设置以及解决硬件故障。

设备的查看可通过系统提供的“设备管理器”来完成。设备管理器提供计算机上所安装硬件的详细信息。所有设备都通过设备驱动程序与 Windows 通信。

1. 设备管理器

右击“开始”按钮,在弹出的快捷菜单中选择“设备管理器”选项,打开“设备管理器”窗口,如图 1–2 所示。该窗口显示了本地计算机安装的所有硬件设备,例如处理器、磁盘驱动器、存储控制器、监视器、键盘、网络适配器等。

图 1–2　“设备管理器”窗口

在默认情况下,设备管理器将会按照类型显示所有设备。单击每一种类型前面的图标就可以展开该类型的设备,并查看属于该类型的具体设备。双击每个设备就可以打开这个设备的属性对话框。在具体设备上右击,则可以在弹出的快捷菜单中直接执行相关的命令。

2. 设备管理器中的问题符号

在设备管理器中有时会出现下列问题符号。

① 红色的叉号:表示该设备已被停用。

② 黄色的问号或感叹号:若某个设备前显示了黄色的问号,表示该硬件未能被操作系统所识别;若显示了感叹号,表示该硬件未安装驱动程序或驱动程序安装不正确。

③ 蓝色的感叹号:表示该硬件设备没有选择"自动设置"(一般很少出现)。若要选择"自动设置",只要右击相应的硬件设备,通过快捷菜单打开"属性"对话框,选择"资源"选项卡,检查是否已选中"使用自动设置"复选框,如果未选中,手动选择即可。

④ 绿色的问号:表示该设备的某些功能不可用。这种情况一般出现在 USB 接口的 U 盘或移动硬盘设备上。

1.2.2   设备的设置

在 Windows 10 系统中,不少硬件设备需要用户手动添加才能正常使用,手动添加设备的方法是:单击"开始"菜单中的"设置"按钮,打开"设置"窗口,然后执行下面相应的操作。

1. 蓝牙和其他设备的设置

单击"设备"选项,打开"设备"设置窗口,如图 1-3 所示。在左侧"设备"栏中选择"蓝牙和

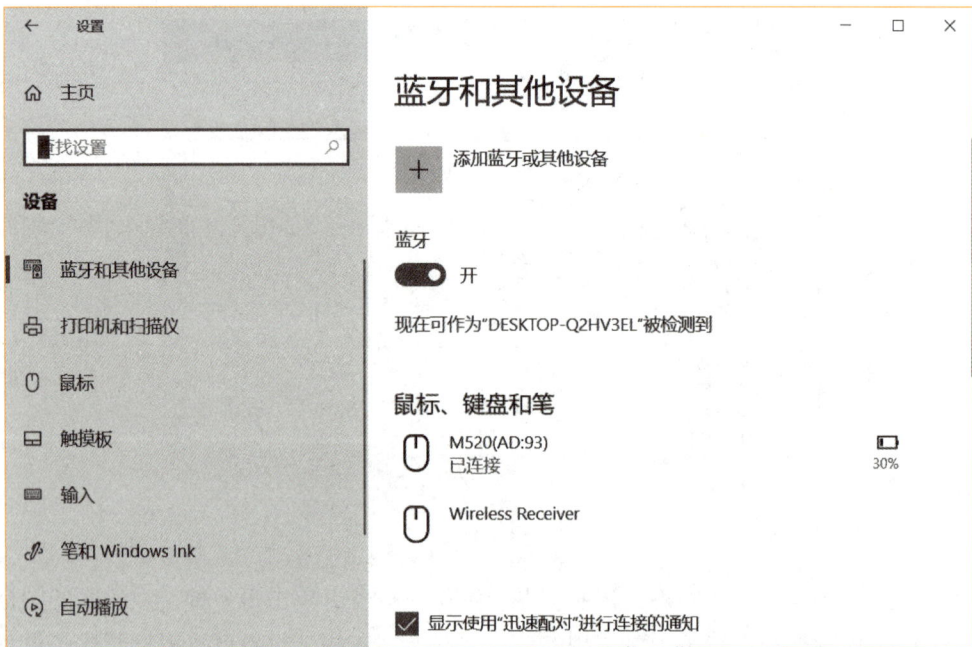

图 1-3   "设备"设置窗口

其他设备"选项,再单击右侧的"添加蓝牙和其他设备"选项,打开"添加设备"对话框,可以添加新设备。单击"蓝牙"选项,再单击其中的"删除设备"按钮可以删除鼠标等设备。在"相关设置"栏下可以对设备和打印机、声音、显示器等进行设置。

2. 打印机和扫描仪设置

打开"设备"设置窗口,在左侧"设备"栏中选择"打印机和扫描仪"选项。此时在右侧显示"打印机和扫描仪"界面,可以看到已安装的打印机和扫描仪列表。

选择"打印机和扫描仪"选项中的某一个打印机,单击"管理"按钮,打开该打印机的管理设备窗口,选择"打印机属性"选项,可以进行打印机属性设置。

单击"添加打印机和扫描仪"按钮可添加新打印机。

单击"相关设置"栏下的"打印服务器属性"选项,打开"打印服务器属性"对话框,在此可以对纸张规格、端口、驱动程序、安全等进行设置。

3. 鼠标设置

在"设备"设置窗口选择"鼠标"选项,右侧出现"鼠标"界面,在此可以进行鼠标的相关设置,如选择主按钮、光标速度、滚动鼠标滚轮即可滚动的行数等参数,单击"其他鼠标选项",弹出"鼠标 属性"对话框,可以对鼠标键配置、双击速度、指针样式、移动速度、滑轮等进行调整。

将鼠标的左键设为主按钮可以完成选中并单击对象、指定文档中鼠标光标的位置、拖动对象以及实现其他许多有用的操作;鼠标右键可以显示随右键单击位置不同而相应变化的命令菜单,该菜单包括单击鼠标时所在区域的通用菜单命令,通过这些通用菜单命令可快速完成相关操作。

4. 键盘设置

在"设备"设置窗口中选择"输入"选项,右侧出现"输入"界面,在此可以进行键盘输入的相关设置,如硬件键盘、多语言文本建议等。单击"更多键盘设置"栏下的"高级键盘设置"选项,打开"高级键盘设置"窗口,在此可以进行"替代默认输入法""切换输入法""表情符号面板"等参数设置。单击"切换输入法"栏下的"语言栏选项"或"输入语言热键"选项,打开"文本服务和输入语言"对话框,可以进行语言栏和高级键设置。

1.2.3　安装设备及其驱动程序

设备驱动程序是一种可以使计算机和设备通信的特殊程序,相当于硬件的接口,操作系统通过该接口控制硬件设备的工作,若某设备的驱动程序未能正确安装,它便不能正常工作。常见的设备驱动程序安装方法有以下两类。

1. 安装即插即用设备的驱动程序

Windows 10 支持即插即用（plug and play，PnP）设备，当用户插入新硬件后，Windows 将搜索适当的设备驱动程序包，自动将该硬件进行配置并安装驱动程序，且不影响其他设备的运行。如果需要查看系统设备是否正常安装，可以使用以下方法。

① 在"开始"按钮的快捷菜单中选择"设备管理器"选项，打开"设备管理器"窗口。选中某个设备后单击"操作"→"扫描检测硬件改动"命令，计算机将检测系统连接的设备，配置并自动安装设备驱动程序。

② 如果出现一些带感叹号的设备，表示未正确安装驱动程序。此时右击这些设备，选择快捷菜单中的"更新驱动程序"命令即可安装驱动程序。

2. 安装非即插即用设备的驱动程序

对于非即插即用设备的驱动程序，Windows 10 不能自动识别，这时可通过下列方法安装设备的驱动程序。

① 利用设备附带的驱动程序，然后手动从磁盘进行安装。

② 在"设备管理器"窗口中单击"操作"→"添加过时硬件"命令，打开"添加硬件"向导对话框。

③ 单击"下一步"按钮，打开"这个向导可以帮助你安装其他硬件"对话框，选中"搜索并自动安装硬件（推荐）"单选按钮。

④ 按向导提示执行操作，完成安装。

1.2.4　设备的禁用、启用或卸载

从节省系统资源和提高启动速度角度来考虑，对于不经常使用的设备可暂时禁用，对于不再使用的设备或异常设备应卸载。具体操作步骤是：在"设备管理器"窗口中，右击要禁用或卸载的设备，从弹出的快捷菜单中选择"禁用设备"或"卸载设备"命令即可，如图 1-4 所示。禁用的设备在需要时也可以重新启用，如图 1-5 所示。

在"设备管理器"窗口中还可对设备进行"更新驱动程序"和"扫描检测硬件改动"的操作。

1.2.5　系统设置

安装 Windows 时，系统会自动检测计算机系统中的硬件设备和已安装的各种软件，然后将系统设置调整到最佳的使用状态。当然，用户也可以根据实际情况对系统进行重新设置和修改。

1. 系统配置信息

在"开始"按钮的快捷菜单中选择"系统"选项，打开"系统"设置窗口。选择"关于"菜单项，

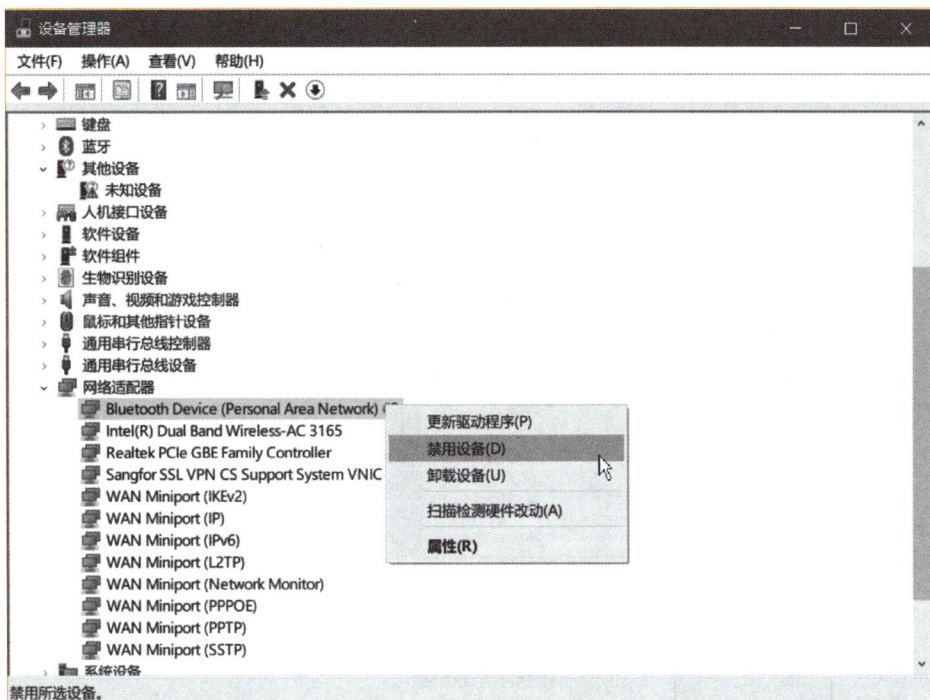

图 1-4　禁用或卸载设备

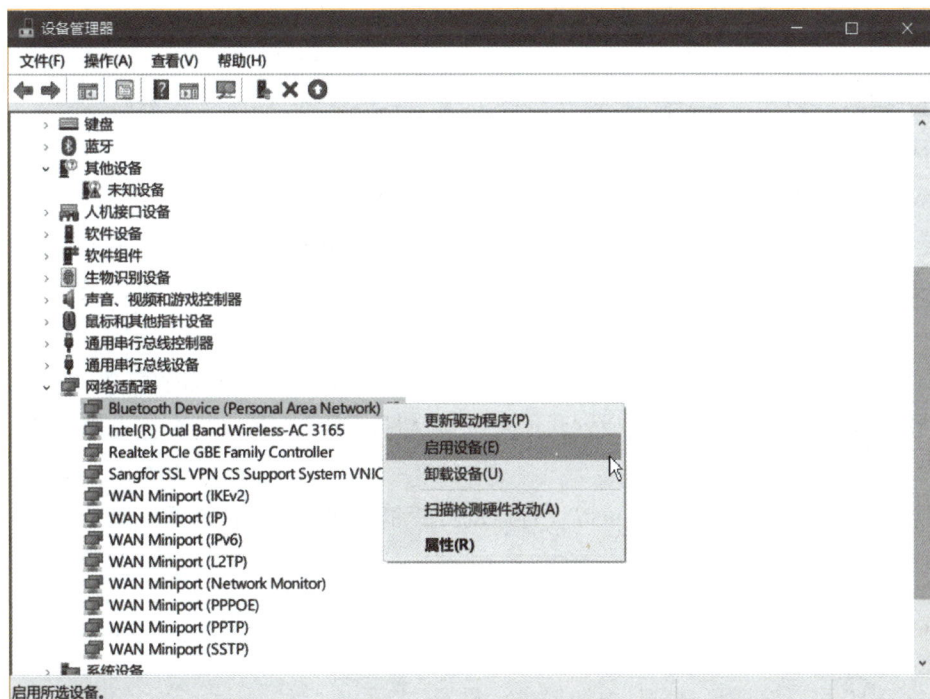

图 1-5　启用设备

右侧出现"关于"界面,可以查看有关计算机的基本信息,如图1-6所示。

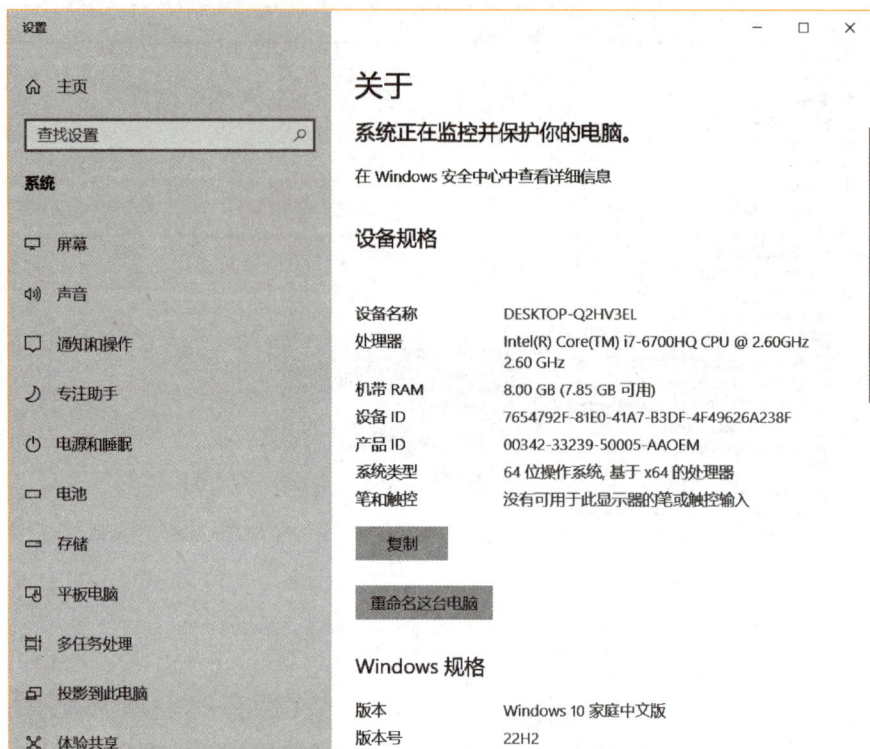

图1-6　"系统"设置窗口

(1)设备规格:包括设备名称、处理器型号、内存、设备ID、产品ID、系统类型等信息。单击"重命名这台电脑"按钮,打开"重命名你的电脑"对话框,在此可以将计算机命名为所要求的名称。

(2)Windows规格:包括本计算机的Windows版本、版本号、安装日期、操作系统内部版本等信息。单击"更改产品密钥或升级Windows"选项,打开"激活"界面,在此可以激活或升级Windows。

(3)相关设置:单击"高级系统设置"选项,打开"系统属性"对话框,并自动选择"高级"选项卡。

①"性能"选项组:可以设置视觉效果、处理器计划、内存使用和虚拟内存。

②"用户配置文件"选项组:可以创建用户配置文件。用户配置文件存储桌面设置和其他与用户账户有关的信息。

③"启动和故障恢复"选项组:可以设置启动计算机时将使用的操作系统以及系统意外终止时将执行的操作。

2. 屏幕设置

Windows 10可以对屏幕、声音、电源等进行设置。

在"开始"按钮的快捷菜单中选择"系统"选项,打开"系统"设置窗口。单击左侧的"屏幕"

选项,窗口右侧显示"屏幕"界面,在此可以进行亮度和颜色、缩放和布局和多显示器等设置。

在"缩放和布局"栏下,可以更改文本、应用等项目的大小(如显示比例为 125%)、调整显示器分辨率,选择显示方向等。

3. 声音设置

在"系统"设置窗口选择"声音"选项,窗口右侧显示"声音"界面,在此可以进行声音的输出、输入和高级声音选项等设置。

在"输出"或"输入"栏下单击"设备属性"选项,打开"设备属性"界面,在此可以设置声音输出设备(如扬声器)或输入设备(如麦克风)的空间音效、均衡或音量。单击"管理声音设备"选项,打开"管理声音设备"窗口,在此可以测试、启用和禁用所选择的设备。

单击"高级声音选项"栏下的"应用音量和设备首选项"选项,打开"应用音量和设备首选项"窗口,在此可以调整主音量和应用音量。

4. 电源设置

在"系统"设置窗口左侧选择"电源和睡眠"选项,窗口右侧显示"电源和睡眠"界面,在此可以进行屏幕关闭或睡眠时间参数设置。

1.3　注　册　表

Windows 操作系统的注册表实际上是一个庞大的数据库,它包含了应用程序和计算机系统的配置及其初始化信息,应用程序和文档的关联关系,硬件设备的说明、状态和属性等。

注册表中存放着各种参数,直接控制着系统的启动、硬件驱动程序的装载以及一些系统应用程序的运行,从而在整个系统中起着核心作用。

注册表包括下列内容。

(1) 软件、硬件的有关配置和状态信息,应用程序和资源外壳的初始条件、首选项和卸载数据。

(2) 联网计算机整个系统的设置和各种许可,文件扩展名与应用程序的关联信息,硬件部件的描述、状态和属性。

(3) 性能记录和其他底层的系统状态信息,以及其他数据。

如果注册表受到了破坏,轻者可使系统的启动过程出现异常,重者将会导致整个系统瘫痪,因此要正确地认识和使用注册表,特别是及时备份注册表,以便在出现故障时恢复注册表。

1. 注册表的特点

注册表有以下特点。

（1）允许对硬件、系统参数、应用程序和设备程序进行跟踪配置。

（2）记录硬件部分数据并支持高版本的即插即用功能。当系统检测到有新设备时，就把有关的数据添加到注册表中，以避免新设备与原设备之间发生资源冲突。

（3）管理人员和用户通过注册表可以在网络上检查系统的配置和设置，使远程管理得以实现。

2. 注册表编辑器

注册表编辑器是一个用来查看、更改系统注册表的高级工具，它包含有关用户计算机的运行信息。系统提供的注册表编辑器为 Regedit.exe。

按 Win+R 组合键打开"运行"对话框，在"打开"文本框中输入"Regedit"，单击"确定"按钮，即可进入注册表编辑器窗口，如图 1-7 所示。

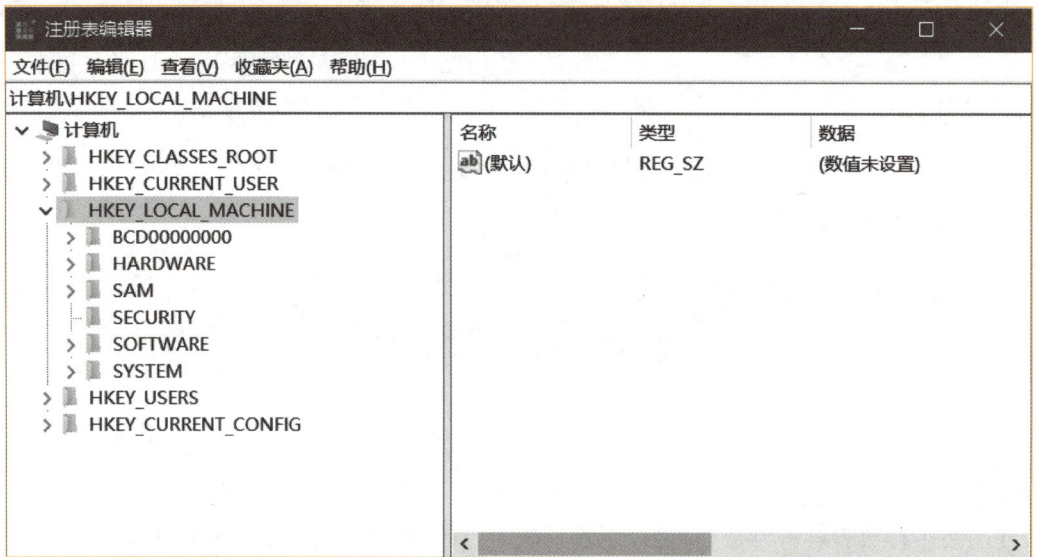

图 1-7　"注册表编辑器"窗口

3. 注册表结构

注册表按层次结构来组织，由项（主键）、子项（子键）、配置单元（根键）和键值项组成。

从图 1-7 可以看出，"计算机"以下有 5 个分支，每个分支名都以 HKEY 开头，称之为项，右侧窗格显示的是所选项内包含的一个或多个键值项。

键值项由键值名称、类型及数据三部分组成。每个项可包括多级子项，注册表中的信息就是按多级的层次结构组织起来的。注册表的每个分支中都保存有该计算机软硬件设置中某一方面的特定信息与数据。

在"注册表编辑器"窗口中有状态栏，当选定一个项或子项时，状态栏中会显示出所选项所处的路径。

注册表根键名及含义如表 1-1 所示。

表 1-1　注册表根键名及含义

根键名	含义
HKEY-CLASSES-ROOT	定义系统中所有已注册的文件扩展名、类型和图标等
HKEY-CURRENT-USER	定义当前用户的所有权限,实际上就是 HKEY-USERS\.Default 下面的一部分内容,也包含了当前用户的登录信息
HKEY-LOCAL-MACHINE	定义本地计算机的软硬件的全部信息。当系统的配置和设置发生变化时,下面的登录项也会随之改变
HKEY-USERS	定义所有用户的信息,其中部分分支将映射到 HKEY-CURRENT-USER 中,它的大部分设置可以通过控制面板来修改
HKEY-CURRENT-CONFIG	定义计算机的当前配置情况

4. 注册表中的键值项数据

注册表通过主键和子键来管理各种信息。但是注册表中的所有信息都是以各种形式的键值项数据保存的。在"注册表编辑器"右侧窗格中显示的是键值项数据。这些键值项数据可以分为 3 种类型。

(1) 字符串值

在注册表中,字符串值一般用来描述文件或标识硬件,通常由字母和数字组成,也可以是汉字,长度不能超过 255 个字符。

(2) 二进制值

在注册表中二进制值是没有长度限制的,以十六进制的方式显示。

(3) DWORD 值

DWORD(Double Word)值是一个 32 位(4B)的数值。在注册表编辑器中也是以十六进制的方式显示的。

例 1-1　禁用"屏幕保护程序设置"。

具体操作步骤如下。

① 运行并打开"注册表编辑器"窗口。

② 展开 HKEY_CURRENT_USER\SOFTWARE\Microsoft\Windows\CurrentVersion\Policies 子项,单击"编辑"→"新建"→"项"命令,新建子项 System。

③ 右击 System 子项,在快捷菜单中选择"DWORD(32 位)值"命令,新建 NoDispScrSavPage,将数值设为 1 时,表示禁用屏幕保护程序,将不能打开"屏幕保护程序设置"对话框。若将其值设为 0 或无数值时,则表示允许使用屏幕保护功能。

例 1-2　清除"添加或删除程序"中残留项目。

用户可以使用"设置"→"应用"中的"应用和功能"选项卸载应用程序。但有时由于操作错误,导致一些应用程序无法通过"应用和功能"进行卸载,仍然保留在安装程序的列表中,通过修改注册表,可以将这些残留项清除。具体操作步骤如下。

① 运行并打开注册表编辑器 regedit。

② 展开 HKEY_LOCAL_MACHINE\SOFTWARE\Microsoft\Windows\CurrentVersion\Uninstall 子项,这个项目下面的若干子项对应于"应用和功能"列表中的项目,将需要卸载的应用程序的对应子项删除即可。

1.4 系统备份与还原

用户在使用计算机时最担心出现系统问题,经常重装系统会很麻烦,如何在 Windows 系统中对自己当前的系统做好备份,以便需要的时候进行恢复呢? Windows 10 提供了备份和还原功能。

1.4.1 备份 Windows 操作系统

系统备份指备份系统文件、引导文件以及系统分区安装的程序。只有同时将系统文件与引导文件备份后,在下一次进行系统还原时才能确保系统能正常工作。如果只备份了这两者之一,那么在系统还原后可能仍无法使系统正常工作。备份系统的具体操作步骤如下。

① 打开"设置"窗口,单击"更新和安全"选项,打开"更新和安全"窗口。

② 选择窗口左侧的"文件备份"选项,在右侧"文件备份"界面中选择"转到'备份和还原'(Windows 7)"选项。

③ 打开"备份和还原(Windows 7)"窗口,选择"备份"栏右侧的"设置备份"选项。

④ 打开"设置备份"对话框,选择备份文件保存的位置,可以是本机磁盘,也可以是光盘,还可以将备份保存到 U 盘等设备中。

⑤ 单击"下一页"按钮,确认信息备份无误后,单击"保存设置并运行备份"按钮,等待系统备份完成,单击"关闭"按钮完成备份操作。

1.4.2 还原 Windows 操作系统

系统还原是备份操作的逆操作,用于帮助用户在系统不稳定或系统崩溃的情况下恢复系统。其目的是在不需要重新安装系统,也不会破坏数据文件的前提下使系统回到工作状态。系统还原还可以帮助解决计算机运行缓慢或停止响应的问题。

如果出现磁盘数据丢失或操作系统崩溃的现象,可以通过控制面板来还原以前备份的数据。具体操作步骤如下。

（1）在"更新和安全"窗口中单击"恢复"选项,在右侧"恢复"界面中单击"还原我的文件"按钮。

（2）打开"还原文件"对话框,单击"浏览文件夹"按钮,在打开的"浏览文件夹或驱动器的备份"对话框中选择已保存的备份,单击"添加文件夹"按钮。

（3）返回"还原文件"对话框,其中显示了需要还原的文件夹,单击"下一步"按钮。

（4）在打开的窗口中选择还原文件的保存位置后,单击"还原"按钮。系统将开始执行还原操作,并显示成功还原文件的信息,最后单击"完成"按钮。

1.5　其他操作系统

常用的操作系统除了 Windows 操作系统之外,还有 MS DOS 操作系统、UNIX/Linux 操作系统等,它们在计算机的应用方面起着非常重要的作用。这些操作系统通常使用命令行界面(command-line interface,CLI)。命令行界面是在图形用户界面得到普及之前使用最为广泛的用户界面,它通常不支持鼠标,用户通过键盘输入指令,计算机接收到指令后予以执行。

通常认为,命令行界面(CLI)没有图形用户界面(GUI)操作方便。但是 CLI 较 GUI 占用计算机系统资源更少、运行效率更高。所以,图形用户界面的操作系统中,都提供命令行界面操作方式。

1.5.1　MS DOS 操作系统

MS DOS 是微软磁盘操作系统,是 Windows 操作系统出现之前的 PC 及兼容机中普遍使用的操作系统,工作于命令行界面。

1. MS DOS 操作系统概述

MS DOS 从 1981 年不支持硬盘分层目录的 DOS 1.0,到后来广泛流行的 DOS 3.3,再到支持 CD-ROM 的 DOS 6.22,以及后来隐藏到 Windows 9X 下的 DOS 7.X,经历了 40 多年,在今天的 Windows 时代仍然活跃着它的身影。

微软公司推出 Windows 操作系统以后,所有操作都可以通过鼠标来完成,不必再去记忆繁杂的命令,也省去了键盘输入"命令行"的操作。这种对用户友好的操作界面,使得 Windows 操作系统很快就占据了 PC 舞台的主角位置。但是,为了一些特定的需求,Windows 操作系统里保留了 DOS 命令形式,需要时在系统的内存中拿出 640 KB 的空间,开辟出一个虚拟 DOS 运行的环境(虚拟机)来执行 DOS 命令。这种 Windows 操作系统里开辟的 DOS 运行环境,只是 Windows 操作系统中的一个窗口而已,它与 Windows 操作系统出现之前 DOS 独占系统的全部资源的情况已大不相同。

2. MS DOS 常用操作

当需要使用 MS DOS 命令时,应打开"命令提示符"窗口,可以单击"开始"→"Windows 系统"→"命令提示符"命令打开,如图 1-8 所示。也可以按 Win+R 组合键,打开"运行"对话框,输入"cmd"命令打开"命令提示符"窗口。

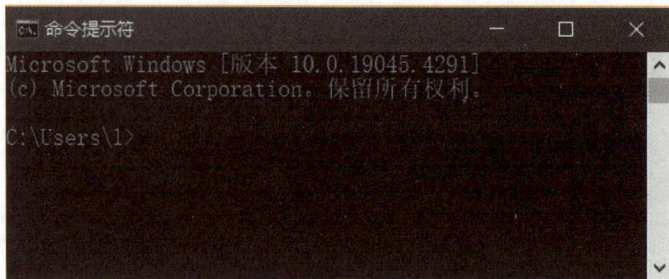

图 1-8   "命令提示符"窗口

命令提示符是提示进行命令输入的一种符号。在"命令提示符"窗口中,有一个闪烁的光标,光标前面的内容称为命令提示符(>),表示可以从这里开始输入命令。同时命令提示符向用户显示了当前盘以及当前目录信息,例如,图 1-8 中表示当前盘为 C 盘,当前目录为 Users 下的二级子目录 1。当用户对文件进行操作时,必须明确当前盘和当前目录。

DOS 命令的一般格式是命令名后面跟一个或多个参数,在命令中可以使用通配符"?"和"*"。DOS 命令分为两类:内部命令和外部命令。对于内部命令,只要系统启动了就可以直接使用命令名进行操作;而对于外部命令,必须确认命令对应的程序文件已在系统盘中,否则将无法执行。命令输入完毕后,按 Enter 键后执行。上一条命令执行完后,才能继续输入下一条新命令,如此反复。所以,MS DOS 是一个单任务的操作系统。

表 1-2 给出了一些常用 DOS 内部命令的使用说明。在示例中,">"符号及前面的内容为系统提示符,DOS 系统本身具有,不需要用户输入。

表 1-2   常用 DOS 内部命令

命令名	功能描述	示例及含义
DIR	显示指定路径下的文件及子目录	D:\>DIR D:\ABC*.TXT(列出 D 盘 ABC 一级目录下的所有文本文件)
CLS	清除屏幕上显示的所有信息	D:\>CLS
盘符:	改变指定磁盘为当前磁盘	D:\>C:(将当前盘改为 C 盘)
CD	显示与改变当前目录	D:\>CD ABC(进入 D 盘根目录下的子目录 ABC)
MD	创建目录	D:\>MD XY(在 D 盘根目录下建立子目录 XY)

续表

命令名	功能描述	示例及含义
RD	删除空子目录	D:\>RD XY（删除 D 盘根目录下的子目录 XY）
COPY	复制文件	D:\>COPY C:\XY\ABC.TXT D:\ABC（将 C 盘根目录下 XY 子目录下的 ABC.TXT 文件复制到 D 盘根目录 ABC 子目录下，不改变文件名）
TYPE	显示或打印文本文件的内容	D:\>TYPE ABC.TXT（在屏幕上显示 D 盘根目录下的文本文件 ABC.TXT 的内容）

注意：表中括号内的内容是对前面命令的说明，不需要输入。

读者可以在 DOS 命令提示符下练习使用一些常用的 DOS 命令，尽管实际应用中不很常见，但通过和 Windows 的操作做一些比较，可以更加体会 Windows 图形界面操作的具体含义和在操作上的优势。

1.5.2　Linux 操作系统

Linux 操作系统是 UNIX 操作系统发展的一个分支。Linux 操作系统作为一个多任务、多用户的操作系统，凭借其出色的稳定性能、强大的定制能力以及开源社区的支持，赢得了广大用户的信赖，并迅速发展成为操作系统领域的主流之一。

1. Linux 操作系统概述

1991 年，莱纳斯·托瓦尔兹（Linus Torvalds）在芬兰赫尔辛基大学开发了 Linux 操作系统。Linux 操作系统的出现打破了 Windows 操作系统一统天下的格局。

Linux 操作系统是包含内核、系统工具、完整的开发环境和应用的类 UNIX 操作系统，可运行在许多平台之上。它是一种免费软件，用户不用支付任何费用就可使用这种操作系统及其源代码。这个系统最终是由世界各地成千上万的程序员共同设计和实现的。其目的是建立不受任何商品化软件版权制约的、全世界都能自由使用的 UNIX 兼容产品。

Linux 操作系统具有 UNIX 操作系统的全部功能，具有多任务、多用户的特点。Linux 操作系统可在 GPL 公共许可权限下免费获得，是一个符合可移植操作系统接口（POSIX）标准的操作系统。Linux 操作系统软件包不仅包括完整的 Linux 操作系统，还包括了文本编辑器、高级语言编译器等软件，另外，Linux 还包括带有多个窗口管理器的 X-Windows 图形用户界面，如同 Windows 一样，允许用户使用窗口、图标和菜单对系统进行操作。

2. Linux 操作系统组成

Linux 操作系统大致可分为三层：靠近硬件的底层是内核和系统调用，即 Linux 操作系统常驻内存部分;中间层是内核之外的 Shell 和库函数,亦即操作系统的系统程序部分;最高层是应用层,即用户程序部分,包括各种文本处理程序、语言编译程序以及游戏程序等,如图 1-9 所示。

(1) Linux 操作系统内核

内核是 Linux 操作系统的主要部分,它具有进程管理、内存管理、文件系统管理、设备驱动和网络系统等功能,从而为核外的所有程序提供运行环境。Linux 操作系统内核结构的框图如图 1-10 所示。

(2) Shell 和库函数

Shell 是系统的用户界面,提供了用户与内核进行交互操作的一种接口。它接收用户输入的命令,并把它送入内核去执行。库函数则为程序设计语言提供有关系统通用功能的接口调用函数。

图 1-9   Linux 操作系统结构

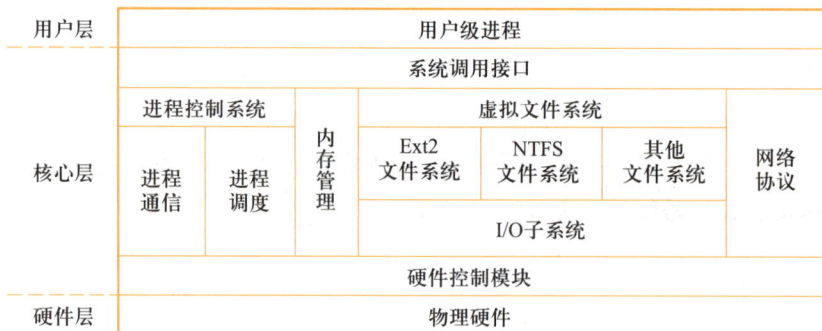

图 1-10   Linux 操作系统内核结构的框图

Shell 实际上是一个命令解释器,它解释由用户输入的命令并且把它们送到内核。不仅如此,Shell 有自己的编程语言用于编辑命令,它允许用户编写由 Shell 命令组成的程序。Shell 编程语言具有普通编程语言的很多特点,比如它也有分支控制结构和循环控制结构等。

Linux 操作系统提供了像 Windows 那样的可视的命令输入界面 X-Window 图形用户界面。它提供了很多窗口管理器,其操作可以像 Windows 一样,有窗口、图标和菜单,所有的管理都是通过鼠标控制的。现在比较流行的窗口管理器是 KDE 和 GNOME。

每个 Linux 系统的用户可以拥有自己的用户界面或 Shell,用于满足他们自己专门的 Shell 需要。

(3) Linux 操作系统的文件结构

文件结构是文件存放在磁盘等存储设备中的组织形式,主要体现在对文件和目录的组织上,目录提供了管理文件的一个方便而有效的途径。使用 Linux 操作系统,用户可以设置目录和文件的权限,以便允许或拒绝其他人对其进行访问。Linux 操作系统的目录采用多级树形结构,用户可以浏览整个系统,也可以进入任何一个已授权进入的目录,访问其中的文件。

文件结构的相互关联性使共享数据变得容易,几个用户可以访问同一个文件。Linux 是一个多用户系统,操作系统本身的驻留程序存放在以根目录开始的专用目录中,有时被指定为系统目录。

内核、Shell 和文件结构一起形成了基本的操作系统结构,以便用户可以运行程序、管理文件以及使用系统。此外,Linux 操作系统还有许多被称为实用工具的程序,辅助用户完成一些特定的任务。

(4) Linux 实用工具

标准的 Linux 操作系统都有一套称为实用工具的程序,它们是专门的程序,例如编辑器、执行标准的计算操作等。另外,用户也可以生成自己的工具。

实用工具可分为以下三类。

① 编辑器:用于编辑文件。

② 过滤器:用于接收数据并过滤数据。

③ 交互程序:允许用户发送信息或接收来自其他用户的信息。

Linux 的编辑器主要有 Ed、Ex、Vi 和 Emacs。Ed 和 Ex 是行编辑器,Vi 和 Emacs 是全屏幕编辑器。

Linux 的过滤器用于读取从用户文件或其他地方输入的数据,检查和处理数据,然后输出结果。从这个意义上说,它们过滤了经过它们的数据。Linux 有不同类型的过滤器:一些过滤器用行编辑命令输出一个已编辑的文件;一些过滤器是按模式寻找文件并以这种模式输出部分数据;一些过滤器执行字处理操作,如检测一个文件中的格式,输出一个格式化的文件。过滤器输入的既可以是一个文件,也可以是用户从键盘输入的数据,还可以是另一个过滤器输出的数据。过滤器可以相互连接,因此一个过滤器的输出可能是另一个过滤器的输入。在有些情况下,用户可以编写自己的过滤器程序。

交互程序是用户与机器的信息接口。Linux 是一个多用户系统,它必须和所有用户保持联系。信息可以由系统中的不同用户发送或接收。信息的发送有两种方式:一种方式是与其他用户一对一地连接进行对话;另一种是一个用户对多个用户同时连接进行通信,即所谓广播式通信。

3. Linux 常用命令

Linux 操作系统的命令行工作方式使用 Linux 命令对 Linux 系统进行管理。对于 Linux 系统来说,无论是中央处理器、内存、磁盘驱动器、键盘、鼠标,还是用户等都是文件,Linux 系统管理的命令是它正常运行的核心。

下面介绍几个常用命令。由于每个命令都有很多选项,所以在介绍命令时只介绍命令的常用选项。

(1) cat 命令

功能:查看文件内容,从键盘读取数据、合并文件等。

命令格式：cat［–b］［–A］［–E］［–T］［–n］［–s］［–v］文件名

选项说明：

–b　　不显示文件中的空行。

–A　　相当于 –v –E –T(或 –vET)。

–E　　在文件的每一行行尾加上"$"字符。

–T　　将文件中的 Tab 键用字符"^"来显示。

–n　　在文件的每行前面显示行号。

–s　　将连续的多个空行用一个空行显示。

–v　　显示除 Tab 和 Enter 之外的所有字符。

例如，以下命令是显示 file 文件中的行号：

\$cat　–n　file

(2) cp 命令

功能：复制文件。

命令格式：cp［选项］源文件名 目标文件名

选项说明：

–R　　复制整个目录。

–f　　删除已存在的目标文件。

–i　　使用 –f 遇到删除文件时给出提示。

例如，以下的命令是如何把 file 文件复制到当前用户的根目录下：

\$cp　file　~/

(3) ls 命令

功能：用于浏览目录，查看当前目录下的文件和文件名。

命令格式：ls［选项］

选项说明：

–a　　显示所有文件，包括隐藏文件。

–l　　显示文件的详细信息。

–k　　显示文件大小，以 KB 为单位。

–d　　将根目录作为文件显示。

–color　显示文件时用不同颜色加以区别文件类型。

(4) rename 命令

功能：批量修改文件名。

命令格式：rename from to 文件名

选项说明：

from　　源字符。

to　　　目标字符。

文件名　要改名的文件。

(5) rm 命令

功能：删除文件或者目录。

命令格式：rm［–d］［–i］［–r］［–v］［–f］文件名或目录名

选项说明：

–d　　　使用这个选项后，rm 大体相当于 unlink 命令。

–i　　　删除每个文件时给用户提示。

–r　　　删除整个目录，包括文件和子目录。

–v　　　删除每个文件时给出提示，删除后还提示文件已删除。

–f　　　强制删除，并且不给提示。

提示：在 Linux 中，当要查看一个命令的用法时，可以通过 Linux 的在线帮助 man 命令来获得命令的详细说明。

第2章 Python 程序设计进阶

理解顺序结构、选择结构、循环结构三种控制结构及其实现方法是 Python 程序设计的基础，也为利用计算机进行问题求解提供了基本的方法。但对于一些复杂问题还需要用到其他一些程序设计知识，包括字符串、列表、元组、字典与集合等复杂数据类型的操作，以及函数、面向对象程序设计、文件的操作等。

本章要点：
(1) 序列的基本操作。
(2) 字典与集合的基本操作。
(3) 函数的应用。
(4) 面向对象程序设计方法。
(5) 文件的操作。

2.1 序　列

在 Python 中，序列（sequence）包括字符串、列表和元组。序列中的每个元素被分配一个序号，即元素的位置编号，也被称为索引（index），可以通过索引或切片来访问一个或多个元素。字符串是单个字符组成的序列，列表和元组是由任意类型数据组成的序列。序列在很多操作上是一样的，最大的不同是字符串和元组是不可变的，而列表可以修改。

2.1.1　序列的共性操作

序列表示一系列有序的元素，存在一些共性操作，包括序列元素的访问与切片、序列的运算以及序列内置处理函数等。

1. 序列元素的访问与切片

（1）序列元素的访问

Python 序列的元素是按顺序放置的，因此可以通过索引来访问某一个元素，一般引用格式为：

序列名［索引］

其中索引要用中括号括起来。序列第一个元素的索引为 0，第二个元素的索引为 1，依次类推。

除了常见的正向索引，Python 序列还支持反向索引，即负数索引，可以从最后一个元素开始计数，最后一个元素的索引是 −1，倒数第二个元素的索引是 −2，依次类推。使用负数索引，可以在无须计算序列长度的前提下很方便地定位序列中的元素。

注意：索引必须为整数，否则会抛出 TypeError 异常。索引也不能超出范围（越界），否则会抛出 IndexError 异常。需要特别注意的是，Python 序列的索引从 0 开始，第 1 个元素的索引是 0，第 2 个元素的索引是 1，第 3 个元素的索引是 2，这和平时数数从 1 开始不一样。

（2）序列的切片

切片（slice）就是取出序列中某一范围内的元素，从而得到一个新的序列。序列切片的一般格式为：

序列名［开始索引:结束索引:步长］

其功能是提取从开始索引到结束索引（但不包括）的所有元素组成的序列。如果省略开始索引，则默认从 0 开始；如果省略结束索引，则切片到最后一个元素。如果省略步长，则默认为 1。例如：

```
>>> s = "Hello"
>>> print(s[0:5:2])                    # 与 print(s[::2])等价
Hlo
```

即取字符串 s 第 1 个字符（其索引为 0）、第 3 个字符（其索引为 2）、第 5 个字符（其索引为 4）。

2. 序列的运算

（1）序列连接

Python 提供了一种序列的运算方式，称为连接运算，其运算符为"+"，表示将两个同类型的序列连接起来成为一个新的序列。例如：

```
>>> "Sub"+"string"
'Substring'
>>>[1,2,3]+[1,2,3,4,5]
[1,2,3,1,2,3,4,5]
```

（2）序列的重复连接

Python 提供乘法运算符(*)，构建一个由其自身元素重复连接而成的序列。例如：

```
>>> "ABCD"*2
'ABCDABCD'
>>> 3*[1,2,3]
[1,2,3,1,2,3,1,2,3]
>>>(42,)*5
(42,42,42,42,42)
```

3. 序列处理函数

(1) len( )、max( )和 min( )函数

① len(s):返回序列中包含元素的个数,即序列长度。例如:

```
>>> len('abcd\n')                    #\n 是一个转义字符
5
```

② min(s,key=func):返回序列中最小的元素。其中 key 指定一个函数,用于计算元素的值,默认按元素值比较。

③ max(s,key=func):返回序列中最大的元素。例如:

```
>>> language=[ 'Java','Python','Pascal','MATLAB','C++' ]
>>> max(language,key=len)            # 返回最长的(第一个)字符串
'Python'
```

(2) sum( )和 reduce( )函数

① sum(s):返回序列 s 中所有元素的和。要求元素必须为数值,否则出现 TypeError 错误。

② reduce(f,s):reduce( )函数把序列 s 的前两个元素作为参数传给函数 f,返回的函数结果和序列的第 3 个元素重新作为 f 的参数,然后返回的结果和序列的第 4 个元素重新作为 f 的参数,依次类推,直到序列的最后一个元素。reduce( )函数的返回值是函数 f 的返回值。

在 Python 3.x 中,reduce 函数存放在 functools 模块中,使用前要导入。

例 2-1   利用 reduce 函数实现序列元素求和。

```
import functools                     # 导入 functools 模块
functools.reduce(lambda x,y:x+y,[3,20,-43,48,12 ])
```

程序运行结果如下:

```
40
```

程序运行时,先处理列表的第 1 个和第 2 个元素,即做 3+20,函数返回 23;再处理第 1 步的结果和第 3 个元素,即做 23+(-43),函数返回 -20;再处理第 2 步的结果和第 4 个元素,即做 (-20)+48,函数返回 28;最后处理第 3 步的结果和第 5 个元素,即做 28+12,函数返回 40,与 sum([3,20,-43,48,12])的结果相同。

对序列中元素的连续操作可以通过循环来实现,也可以用 reduce( )函数实现。但在大多数情况下,循环实现的程序更有可读性。

(3) sorted( )和 reversed( )函数

① sorted(iter,key=func,reverse=False):函数返回对可迭代对象 iter 中元素进行排序后的列表,函数返回副本,原始输入不变;key 指定一个函数,这个函数用于计算排序的值,默认按元素值排序;reverse 代表排序规则,当 reverse 为 True 时按降序排序;reverse 为 False 时按升序排序,默认按升序排序。例如:

```
>>> x=(100,245,-203,-3234)
```

```
>>> sorted(x)                          # 元组按升序排列
[-3234,-203,100,245]
>>> sorted(x,key=abs,reverse=True)     # 元组按绝对值的降序排列
[-3234,245,-203,100]
```

② reversed(iter)：对可迭代对象 iter 的元素反转排列，返回一个新的可迭代对象。例如：

```
>>> x=(100,245,-203,-3234)
>>> reversed(x)
<reversed object at 0x000002097149F610>
>>> tuple(reversed(x))                 # 将 reversed 对象转换成元组
(-3234,-203,245,100)
```

（4）序列的通用方法

下面的方法主要有查询功能，不改变序列本身，可用于表、元组和字符串。方法中 s 为序列，x 为元素值。

① s.count(x)：返回 x 在序列 s 中出现的次数。

② s.index(x)：返回 x 在 s 中第一次出现的索引编号。例如：

```
>>> s='Python is the most popular language used in various domains.'
>>> s.count('the')                     # "the"出现 1 次
1
>>> s.index('the')                     # "the"的索引是 10（索引从 0 开始）
10
>>> s.index('The')                     # 注意"The"不等于"the"
```

"The" 在字符串 s 中不存在，语句执行后提示程序异常：ValueError：substring not found，意思是子字符串不存在。

2.1.2　字符串的常用方法

1. 字母大小写转换

① s.upper( )：全部转换为大写字母。例如：

```
>>> 'python program'.upper( )
'PYTHON PROGRAM'
```

② s.lower( )：全部转换为小写字母。

③ s.swapcase( )：字母大小写互换。例如：

```
>>> 'Python Program'.swapcase( )
'pYTHON pROGRAM'
```

④ s.capitalize( ):首字母大写,其余小写。

⑤ s.title( ):首字母大写。例如:

>>> 'python program'.title( )

'Python Program'

2. 字符串搜索

① s.find(substr,[start,[end]]):返回 s 中出现 substr 的第 1 个字符的编号,如果 s 中没有 substr 则返回 −1。start 和 end 作用就相当于在 s[start:end]中搜索。例如:

>>> 'Python Program'.find('C++')

−1

② s.index(substr,[start,[end]]):与 find( )相同,只是在 s 中没有 substr 时,会返回一个运行时错误。

③ s.count(substr,[start,[end]]):计算 substr 在 s 中出现的次数。例如:

>>> 'Python Program'.count('r')

2

④ s.startswith(prefix[,start[,end]]):是否以 prefix 开头,若是返回 True,否则返回 False。

⑤ s.endswith(suffix[,start[,end]]):是否以 suffix 结尾,若是返回 True,否则返回 False。

3. 字符串替换

① s.replace(oldstr,newstr,[count]):把 s 中的 oldstar 替换为 newstr,count 为替换次数。这是替换的通用形式,还有一些函数进行特殊字符的替换。

② s.strip([chars]):把 s 前后在 chars 中有的字符全部去掉,可以理解为把 s 前后在 chars 中有的字符替换为 None。默认去掉前后空格。

4. 字符串的拆分与组合

① s.split([sep,[maxsplit]]):根据 sep 分隔符把字符串 s 拆分成一个列表。默认的分隔符为空格。maxsplit 表示拆分的次数,默认取 −1,表示无限制拆分。例如:

>>> '78,65,98,89,85'.split(',')

['78','65','98','89','85']

② s.join(seq):把 seq 代表的序列组合成字符串,用 s 将序列各元素连接起来。字符串中的字符是不能修改的,如果要修改,通常的一种方法是使用语句 s = list(s)把字符串 s 变为以单个字符为成员的列表,再使用给列表成员赋值的方式改变值,最后再使用语句"s = "".join(s)"还原成字符串。例如:

>>> s = 'Python Program'

>>> s = list(s)

```
>>> s[0:6]='C++'
>>> s = "".join(s)
>>> s
'C++Program'
```

2.1.3　列表的操作

1. 修改列表元素

可以通过给列表元素赋值来修改列表元素,包括切片赋值。

(1) 列表元素赋值

使用索引编号来为某个特定的元素赋值,从而可以修改列表。例如:

```
>>> x = [1,1,1]
>>> x[1]=10
>>> x
[1,10,1]
```

(2) 切片赋值

使用切片赋值可以给列表的多个元素赋值。切片赋值要求赋的值也为列表,相当于将原列表切片的元素删除,同时用新的列表元素代替切片位置的元素。例如:

```
>>> name = list('Perl')
>>> name[2:]=list('ar')              # 从 2 号位置开始替换 2 个元素
>>> name
['P','e','a','r']
```

2. 在列表中添加元素

在列表中添加元素是很常用的操作,可以使用 append( )、extend( )和 insert( )方法实现。这三种方法都是列表原地操作,无返回值,不改变列表的 id。

(1) append( )方法

append( )方法的调用格式如下:

s.append(x)

用于在列表 s 的末尾添加元素 x。例如下面的程序段可以将输入的 10 个整数存放在一个列表中。

```
aList = []                          # 创建一个空列表
for i in range(10):
    aList.append(int(input( )))     # 将输入的整数添加到列表中
```

（2）extend（ ）方法

extend（ ）方法的调用格式如下：

s.extend（s1）

用于在列表 s 的末尾添加列表 s1 的所有元素。

（3）insert（ ）方法

insert（ ）方法的调用格式如下：

s.insert（i,x）

用于在列表 s 的 i 位置处插入对象 x,如果 i 大于列表的长度,则插入到列表最后。

3. 从列表中删除元素

删除列表元素可以使用 del 命令,也可以使用 pop（ ）、remove（ ）和 clear（ ）方法。

（1）del 命令

使用 del 命令可以删除列表中指定位置的元素或整个列表。

（2）pop（ ）方法

pop（ ）方法的调用格式如下：

s.pop（[i]）

用于删除并返回列表 s 中指定位置 i 的元素,默认是最后一个元素。若 i 超出列表长度,则抛出 IndexError 异常。

（3）remove（ ）方法

remove（ ）方法的调用格式如下：

s.remove（x）

用于从列表 s 中删除 x。若 x 不存在则抛出 ValueError 异常。

（4）clear（ ）方法

clear（ ）方法的调用格式如下：

s.clear（ ）

用于清空列表 s,即删除列表全部元素。

4. 列表元素的排序与反转

在实际应用中,常常需要调整列表元素的排列顺序,这时可以使用 sort（ ）和 reverse（ ）方法。

（1）sort（ ）方法

sort（ ）方法的调用格式如下：

s.sort（key＝func,reverse＝False）

用于对列表 s 中的元素进行排序。sort（ ）方法中可以使用 key、reverse 参数,其用法与 sorted（ ）函数相同。例如：

```
>>> lst＝[3,-78,3,43,7,9]
```

```
>>> lst.sort(reverse = True)                    # 按降序排
>>> lst
[43,9,7,3,3,-78]
```

（2）reverse（ ）方法

reverse（ ）方法的调用格式如下：

s.reverse（ ）

用于将列表 s 中的元素反转排列。

注意，sort（ ）和 reverse（ ）方法是原地对列表进行排序或反转，不会生成新的列表。如果不希望修改原列表，而生成一个新列表，可以使用 sorted（ ）或 reversed（ ）函数。

5. 列表推导式

列表推导式也称列表解析式，是在一个序列的值上应用一个任意表达式，将其结果收集到一个新的列表中并返回。它的基本形式是一个中括号里面包含一个 for 语句对一个可迭代对象进行迭代。例如，计算 1~10 每个数的平方，存放在列表中并输出，可以用 for 循环实现，也可以用以下列表推导式来实现，程序更加简洁。

```
squares = [i**2 for i in range(1,11)]
print(squares)
[1,4,9,16,25,36,49,64,81,100]
```

在列表推导式中，可以增加测试语句和嵌套 for 循环，其一般格式如下：

[表达式 for 目标变量 1 in 序列对象 1[if 条件 1]… for 目标变量 n in 序列对象 n[if 条件 n]]

其中表达式可以是任何运算表达式，目标变量是遍历序列对象获得的元素值。该语句的功能是计算每一个目标变量对应的表达式的值，生成一个列表对象。列表推导式可以嵌套任意数量的 for 循环同时关联的 if 测试，其中 if 测试语句是可选的。例如：

```
>>>[x for x in range(5) if x%2 == 0]            #x 取 0~4 之间的偶数
[0,2,4]
>>>[y for y in range(5) if y%2 == 1]            #y 取 0~4 之间的奇数
[1,3]
>>>[(x,y) for x in range(5) if x%2 == 0 for y in range(5) if y%2 == 1]
[(0,1), (0,3), (2,1), (2,3), (4,1), (4,3)]
```

2.2　字典与集合

Python 中字典是由"关键字:值"对组成的集合。集合是指无序的、不重复的元素集，类似于数学中的集合概念。作为抽象数据类型，集合和字典之间的主要区别在于它们的操作。字典主要关心其元素的检索、插入和删除；集合主要考虑集合之间的并、交和差操作。

2.2.1 字典的操作

1. 创建字典并赋值

创建字典并赋值的一般形式为：

字典名 ={［ 关键字 1:值 1［,关键字 2:值 2,…,关键字 n:值 n］]}

其中关键字与值之间用冒号"："分隔，字典元素与元素之间用逗号"，"分隔，字典中的关键字必须是唯一的，而值可以不唯一。当"关键字:值"对都省略时产生一个空字典。例如：

```
>>> d1 = {}
>>> d2 = {'name' : 'lucy' , 'age' : 40}
>>> d1 , d2
({},{'name' : 'lucy' , 'age' : 40})
```

2. dict( )函数

可以用 dict( )函数创建字典，各种应用形式举例如下。

（1）使用 dict( )函数创建一个空字典并给变量赋值。例如：

```
>>> d4 = dict( )
>>> d4
{}
```

（2）使用列表或元组作为 dict( )函数参数。例如：

```
>>> d50 = dict(([ 'x' , 1 ] , [ 'y' , 2 ]))
>>> d50
{'x' : 1 , 'y' : 2}
```

（3）将数据按"关键字 = 值"形式作为参数传递给 dict( )函数。例如：

```
>>> d6 = dict(name = 'allen' , age = 25)
>>> d6
{'name' : 'allen' , 'age' : 25}
```

3. 字典的访问

Python 通过关键字来访问字典的元素，一般格式为：

字典名［ 关键字]

如果关键字不在字典中，会引发一个 KeyError 错误。各种应用形式举例如下。

（1）以关键字进行索引计算。例如：

```
>>> dict1 = {'name' : 'diege' , 'age' : 18}
```

```
>>> dict1['age']
18
```

(2) 字典嵌套字典的关键字索引。例如：

```
>>> dict2 = {'name':{'first':'diege','last':'wang'},'age':18}
>>> dict2['name']['first']
'diege'
```

(3) 字典嵌套列表的关键字索引。例如：

```
>>> dict3 = {'name':{'Brenden'},'score':[76,89,98,65]}
>>> dict3['score'][0]
76
```

(4) 字典嵌套元组的关键字索引。例如：

```
>>> dict4 = {'name':{'Brenden'},'score':(76,89,98,65)}
>>> dict4['score'][0]
76
```

4. 更新字典的值

更新字典值的语句格式为：

字典名[关键字]=值

如果关键字已经存在，则修改关键字对应的元素的值；如果关键字不存在，则在字典中增加一个新元素，即"关键字:值"对。显然，列表不能通过这样的方法来增加数据，当列表索引超出范围时会出现错误。列表只能通过 append 方法来追加元素，但列表也能通过给已存在元素赋值的方法来修改已存在的数据。例如：

```
>>> dict1 = {'name':'diege','age':18}
>>> dict1['name'] = 'chen'               # 修改字典元素
>>> dict1['score'] = [78,90,56,90]       # 添加一个元素
>>> dict1
{'score':[78,90,56,90],'name':'chen','age':18}
```

5. 删除字典元素

删除字典元素使用以下函数或方法。

① del　字典名[关键字]:删除关键字所对应的元素。

② del　字典名:删除整个字典。

6. 字典的长度和运算

len( )函数可以获取字典所包含"关键字:值"对的数目，即字典长度。虽然也支持 max( )、

min( )、sum( )和 sorted( )函数,但针对字典的关键字进行计算,很多情况下没有实际意义。例如:

```
>>> dict1 = {'a':1,'b':2,'c':3}
>>> len(dict1)
3
>>> max(dict1)
'c'
```

7. 字典的常用方法

(1) fromkeys( )方法

d.fromkeys(序列[,值]):创建并返回一个新字典,以序列中的元素做该字典的关键字,指定的值做该字典中所有关键字对应的初始值(默认为 None)。例如:

```
>>> d7 = {}.fromkeys(('x','y'),-1)
>>> d7
{'x':-1,'y':-1}
```

这样创建的字典的值是一样的,若不给定值,默认为 None。

```
>>> d8 = {}.fromkeys(['name','age'])
>>> d8
{'name':None,'age':None}
```

创建一个只有关键字没有值的字典。

(2) keys( )、values( )、items( )方法

① d.keys( ):返回一个包含字典所有关键字的列表。

② d.values( ):返回一个包含字典所有值的列表。

③ d.items( ):返回一个包含所有(关键字,值)元组的列表。

看下面的例子。

```
>>> d = {'name':'alex','sex':'man'}
>>> d.keys()
dict_keys(['sex','name'])
>>> d.values()
dict_values(['man','alex'])
>>> d.items()
dict_items([('sex','man'),('name','alex')])
```

(3) get( )方法

d.get(关键字[,值]):用于判断关键字是否存在,存在时返回关键字对应的值,不存在时返回默认值 None 或设定的值。例如:

```
>>> dictS = {'Name':'Kevin','Age':27}
```

```
>>> dictS.get('Age')
27
>>> dictS.get('age',20)
20
```

8. 字典的遍历

（1）遍历字典的关键字

d.keys( )：返回一个包含字典所有关键字的列表，所以对字典关键字的遍历转换为对列表的遍历。例如：

```
>>> d = {'name':'jasmine','sex':'man'}
>>> for key in d.keys( ):print(key,d[key])
sex man
name jasmine
```

（2）遍历字典的值

d.values( )：返回一个包含字典所有值的列表，所以对字典值的遍历转换为对列表的遍历。例如：

```
>>> d = {'name':'jasmine','sex':'man'}
>>> for value in d.values( ):print(value)
man
jasmine
```

（3）遍历字典的元素

d.items( )：返回一个包含所有（关键字，值）元组的列表，所以对字典元素的遍历转换为对列表的遍历。例如：

```
>>> d = {'name':'jasmine','sex':'man'}
>>> for item in d.items( ):print(item)
('sex','man')
('name','jasmine')
```

2.2.2　集合的操作

1. 集合的创建

在 Python 中，创建集合有两种方式：一种是用一对大括号将多个用逗号分隔的数据括起来，另一种是使用 set( ) 函数，该函数可以将字符串、列表、元组等类型的数据转换成集合类型的数据。例如：

```
>>> s1 = {1,2,3,4,5,6,7,8}
```

```
>>> s1
{1,2,3,4,5,6,7,8}
>>> s2 = set('abcdef')
>>> s2
{'b','c','e','d','a','f'}
```

在 Python 中,用大括号将集合元素括起来,这与字典的创建类似,但 {} 表示空字典,空集合用 set( )表示。

注意:集合中不能有相同元素,如果在创建集合时有重复元素,Python 会自动删除重复的元素。例如:

```
>>> s5 = {1,2,2,2,3,3,4,4,4,4,5}
>>> s5
{1,2,3,4,5}
```

集合的这个特性非常有用,例如,要删除列表中大量的重复元素,可以先用 set( )函数将列表转换成集合,再用 list( )函数将集合转换成列表,操作效率非常高。

2. 集合的常用运算

(1) 传统的集合运算

① s1|s2|…|sn:计算 s1,s2,…,sn 的并集。例如:

```
>>> s = {1,2,3}|{3,4,5}|{'a','b'}
>>> s
{1,2,3,4,5,'b','a'}
```

② s1 & s2 &…& sn:计算 s1,s2,…,sn 的交集。例如:

```
>>> s = {1,2,3,4,5}&{1,2,3,4,5,6}&{2,3,4,5}&{2,4,6,8}
>>> s
{2,4}
```

③ s1-s2…-sn:计算 s1,s2,…,sn 的差集。例如:

```
>>> s = {1,2,3,4,5,6,7,8,9}-{1,2,3,4,5,6}-{2,3,4,5}-{2,4,6,8}
>>> s
{9,7}
```

④ s1^s2 :计算 s1,s2 的对称差集,求 s1 和 s2 中相异元素。例如:

```
>>> s = {1,2,3,4,5,6,7,8,9}^{5,6,7,8,9,10}
>>> s
{1,2,3,4,10}
```

(2) 集合元素的并入

s1|= s2:将 s2 的元素并入 s1 中。例如:

```
>>> s1 = {4,3,2,1}
>>> s2 = {7,8}
>>> s1| = s2
>>> s1
{1,2,3,4,7,8}
```

(3) 集合的遍历

集合与 for 循环语句配合使用,可实现对集合各个元素的遍历。看下面的程序。

```
s = {10,20,30,40}
t = 0
for x in s:
    print(x,end = '\t')
    t+ = x
print(t)
```

程序对 s 集合的各个元素进行操作,输出各个元素并实现累加。程序输出结果如下:

```
40      10      20      30      100
```

2.3　函　　数

对于反复要用到的某些程序段,如果在需要时每次都重复书写,将是十分烦琐的,如果把这些程序段写成函数,当需要时直接调用就可以了,而不需要重新书写。在 Python 程序中,也可以自己创建函数,这被称为用户自定义函数。

2.3.1　函数的定义与调用

1. 函数的定义

Python 函数的定义包括对函数名、函数的参数与函数功能的描述。一般形式为:

```
def 函数名([形式参数表]):
    函数体
```

下面是一个简单的 Python 函数,该函数接收矩形的长和宽作为输入参数,返回矩形的面积。

```
def MyArea(x,y):
    s = x*y
    return s
```

2. 函数的调用

有了函数定义,凡要完成该函数的功能处,就可调用该函数来完成。函数调用的一般形式为:

　　函数名(实际参数表)

调用函数时,和形式参数对应的参数因为有值的概念,所以称为实际参数(actual parameter),简称实参。当有多个实际参数时,实际参数之间用逗号分隔。

如果调用的是无参数函数,则调用形式为:

　　函数名( )

其中函数名之后的一对括号不能省略。

函数调用时提供的实际参数应与被调用函数的形式参数按顺序一一对应,而且参数类型要兼容。

例如,程序文件 ftest.py 的内容如下:

def MyArea(x,y):

　　s = x*y

　　return s

print(MyArea(10,5))

程序运行后得到结果 50。

2.3.2　两类特殊函数

Python 有两类特殊函数:匿名函数和递归函数。匿名函数是指没有函数名的简单函数,只可以包含一个表达式,不允许包含其他复杂的语句,表达式的结果是函数的返回值。递归函数是指直接或间接调用函数本身的函数。递归函数反映了一种逻辑思想,用它来解决某些问题时显得很简练,所以单独介绍。

1. 匿名函数的定义与调用

在 Python 中,可以使用 lambda 关键字来在同一行内定义函数,因为不用指定函数名,所以这个函数被称为匿名函数,也称为 lambda 函数,定义格式为:

lambda[参数 1[,参数 2,⋯,参数 n]]:表达式

关键字 lambda 表示匿名函数,冒号前面是函数参数,可以有多个函数参数,但只有一个返回值,所以只能有一个表达式,返回值就是该表达式的结果。匿名函数不能包含语句或多个表达式、不用写 return 语句。例如:

lambda x,y:x+y

该函数定义语句定义一个函数,函数参数为"x,y",函数返回的值为表达式"x+y"的值。用匿名函数有个好处,因为函数没有名字,所以不必担心函数名冲突。

匿名函数也是一个函数对象,也可以把匿名函数赋值给一个变量,再利用变量来调用该函数。例如:

```
>>> f = lambda x,y:x+y
>>> f(5,10)
15
```

2. 递归函数

Python 允许使用递归函数,递归函数是指一个函数的函数体中又直接或间接地调用该函数本身的函数。如果函数 a 中又调用函数 a 自己,则称函数 a 为直接递归。如果函数 a 中先调用函数 b,函数 b 中又调用函数 a,则称函数 a 为间接递归。在程序设计中常用的是直接递归。

例 2-2　用递归方法计算下列多项式函数的值。

$$p(x,n)=x-x^2+x^3-x^4+\cdots+(-1)^{n-1}x^n \quad (n>0)$$

分析:函数的定义不是递归定义形式,对原来的定义进行如下数学变换:

$$\begin{aligned}
p(x,n) &= x-x^2+x^3-x^4+\cdots+(-1)^{n-1}x^n \\
&= x\left[1-(x-x^2+x^3-\cdots+(-1)^{n-2}x^{n-1})\right] \\
&= x\left[1-p(x,n-1)\right]
\end{aligned}$$

经变换后,可以将原来的非递归定义形式转化为等价的递归定义:

$$p(x,n)=\begin{cases} x & n=1 \\ x\left[1-p(x,n-1)\right] & n>1 \end{cases}$$

由此递归定义,可以确定递归算法和递归结束条件。

用递归函数的程序如下:

```
def p(x,n):
    if n = = 1 :
        return x
    else:
        return x*(1-p(x,n-1))
print(p(2,4))
```

程序运行结果如下:

-10

2.4　面向对象程序设计

在 Python 中采用面向对象程序设计,具有面向对象的基本特征,但 Python 的面向对象与一般程序设计语言(如 C++)的面向对象也有一些差异,在 Python 中一切都是对象,类本身是一个对象(类对象),类的实例也是对象。Python 中的变量、函数都是对象。

2.4.1　类与对象

1. 类的定义

类是一种广义的数据类型,这种数据类型中的元素(或成员)既包含数据,也包含操作数据的函数。在 Python 中,通过 class 关键字来定义类。定义类的一般格式如下:

```
class 类名:
    类体
```

类的定义由类头和类体两部分组成。类头由关键字 class 开头,然后后面紧接着是类名,其命名规则与一般标识符的命名规则一致。类名的首字母一般采用大写。注意类名后面有个冒号。类体包括类的所有细节,向右缩进对齐。

类体定义类的成员,有两种类型的成员,一是数据成员,它描述问题的属性;二是成员函数,它描述问题的行为(称为方法)。这样就把数据和操作封装在一起,体现了类的封装性。

当一个类定义完之后,就产生了一个类对象。类对象支持两种操作:引用和实例化。引用操作是通过类对象去调用类中的属性或方法,而实例化是产生出一个类对象的实例,称为实例对象。例如定义了一个 Person 类:

```
class Person:
    name = 'brenden'          # 定义了一个属性
    def printName(self):      # 定义了一个方法
        print(self.name)
```

Person 类定义完成之后就产生了一个全局的类对象,可以通过类对象来访问类中的属性和方法了。当通过 Person.name(至于为什么可以直接这样访问属性后面再解释,这里只要理解类对象这个概念就行了)来访问时,Person.name 中的 Person 称为类对象,这一点和 C++中的类有所不同。

2. 对象的创建和使用

类是抽象的,要使用类定义的功能,就必须将类实例化,即创建类的对象。在 Python 中,用赋值的方式创建类的实例,一般格式为:

```
对象名=类名(参数列表)
```

创建对象后,可以使用“.”运算符,通过实例对象来访问这个类的属性和方法(函数),一般格式为:

```
对象名.属性名
对象名.函数名( )
```

例如,可以对前面定义的 Person 类进行实例化操作,语句"p = Person（ ）"产生了一个 Person 的实例对象,此时也可以通过实例对象 p 来访问属性或方法,用 p.name 来调用类的 name 属性。

2.4.2　属性和方法

在上面 Person 类的定义中,name 是一个属性,printName（ ）是一个方法,与某个对象进行绑定的函数称为方法。一般在类里面定义的函数与类对象或实例对象绑定了,所以就称为方法,而在类外定义的函数一般没有同对象进行绑定,就称为函数。

1. 属性和方法的访问控制

（1）属性的访问控制

在类中可以定义一些属性。例如:

```
class Person：
        name = 'brenden'
        age = 18
p = Person（ ）
print（p.name,p.age）
```

定义了一个 Person 类,其中定义了 name 和 age 属性,默认值分别为 'brenden' 和 18。在定义了类之后,就可以用来产生实例化对象了,语句"p = Person（ ）"实例化了一个对象 p,然后就可以通过 p 来读取属性了。这里的 name 和 age 都是公有的,可以直接在类外通过对象名访问,如果想定义成私有的,则需在前面加 2 个下划线"__"。例如:

```
class Person：
        __name = 'brenden'
        __age = 18
p = Person（ ）
print（p.__name,p.__age）
```

这段程序运行时会出现 AttributeError 错误:

AttributeError：'Person' object has no attribute '__name'

提示找不到该属性,因为私有属性是不能够在类外通过对象名来进行访问的。在 Python 中没有像 C++ 中 public 和 private 这些关键字来区别公有属性和私有属性,它是以属性命名方式来区分的,如果在属性名前面加了 2 个下划线"__",则表明该属性是私有属性,否则为公有属性。方法也一样,如果在方法名前面加了 2 个下划线,则表示该方法是私有的,否则为公有的。

（2）方法的访问控制

在类中可以根据需要定义一些方法,定义方法采用 def 关键字,在类中定义的方法至少会有一个参数,一般以名为"self"的变量作为该参数（用其他名称也可以）,而且需要作为第一个参数。

2. 类属性和实例属性

(1) 类属性

顾名思义,类属性(class attribute)就是类对象所拥有的属性,它被所有类对象的实例对象所共有,在内存中只存在一个副本,这个和C++中类的静态成员变量有点类似。对于公有的类属性,在类外可以通过类对象和实例对象访问。例如:

```
class Person:
        name = 'brenden'                # 公有的类属性
        __age = 18                      # 私有的类属性
p = Person( )
print(p.name)                           # 正确,但不提倡
print(Person.name)                      # 正确
print(p.__age)                          # 错误,不能在类外通过实例对象访问私有的类属性
print(Person.__age)                     # 错误,不能在类外通过类对象访问私有的类属性
```

类属性是在类中方法之外定义的,它属于类,可以通过类访问。尽管也可以通过对象来访问类属性,但不建议这样做,因为这样做会造成类属性值不一致。

类属性还可以在类定义结束之后通过类名增加。例如,下列语句给 Person 类增加属性 id。

```
Person.id = '2100512'
```

再来看下面的语句。

```
person.pn = '82100888'
```

在类外对类对象 Person 进行实例化之后,产生了一个实例对象 p,然后通过上面语句给 p 添加了一个实例属性 pn,赋值为 '82100888'。这个实例属性是实例对象 p 所特有的。注意,类对象 Person 并不拥有它,所以不能通过类对象来访问 pn 属性。

(2) 实例属性

实例属性(instance attribute)是不需要在类中显式定义,而在 __init__ 构造函数中定义的,定义时以 self 作为前缀。在其他方法中也可以随意添加新的实例属性,但并不提倡这么做,所有的实例属性最好在 __init__ 中给出。实例属性属于实例(对象),只能通过对象名访问。例如:

```
class Car:
        def __init__(self,c):
                self.color = c          # 定义实例对象属性
        def fun(self):
                self.length = 1.83      # 给实例添加属性,但不提倡
s = Car('Red')
print(s.color)                          # 输出:Red
s.fun( )
```

```
print(s.length)                    # 输出:1.83
```

如果需要在类外修改类属性,必须通过类对象去引用然后进行修改。如果通过实例对象去引用,会产生一个同名的实例属性,这种方式修改的是实例属性,不会影响到类属性,并且之后如果通过实例对象去引用该名称的属性,实例属性会强制屏蔽掉类属性,即引用的是实例属性,除非删除了该实例属性。例如:

```
class Person:
    place = 'Changsha'
print(Person.place)                # 输出:Changsha
p = Person( )
print(p.place)                     # 输出:Changsha
p.place = 'Shanghai'
print(p.place)                     # 实例属性会屏蔽掉同名的类属性,输出:Shanghai
print(Person.place)                # 输出:Changsha
del p.place                        # 删除实例属性
print(p.place)                     # 输出:Changsha
```

3. 类的方法

(1) 类中内置的方法

在 Python 中有一些内置的方法,这些方法命名都有特殊的约定,其方法名以 2 个下划线开始和以 2 个下划线结束。类中最常用的就是构造方法和析构方法。

① 构造方法。构造方法 __init__(self,…)在生成对象时调用,可以用来进行一些属性初始化操作,不需要显式去调用,系统会默认去执行。构造方法支持重载,如果用户自己没有重新定义构造方法,系统就自动执行默认的构造方法。

② 析构方法。析构方法 __del__(self)在释放对象时调用,支持重载,可以在其中进行一些释放资源的操作,不需要显式去调用。

(2) 类方法、实例方法和静态方法

① 类方法。类方法是类对象所拥有的方法,需要用修饰器“@classmethod”来标识其为类方法,对于类方法,第一个参数必须是类对象,一般以“cls”作为第一个参数。当然可以用其他名称的变量作为其第一个参数,但是大都习惯以“cls”作为第一个参数的名字,所以一般用“cls”。能够通过实例对象和类对象去访问类方法。

② 实例方法。实例方法是类中最常定义的成员方法,它至少有一个参数并且必须以实例对象作为其第一个参数,一般以名为 'self' 的变量作为第一个参数,当然可以以其他名称的变量作为第一个参数。在类外实例方法只能通过实例对象去调用,不能通过其他方式去调用。

③ 静态方法。静态方法需要通过修饰器“@staticmethod”来进行修饰,静态方法不需要多定义参数。

例如：

```
class Person：
    place = 'Changsha'
    @staticmethod
    def getPlace（ ）：                    #静态方法
        return Person.place
print（Person.getPlace（ ））              #输出：Changsha
```

对于类属性和实例属性，如果在类方法中引用某个属性，该属性必定是类属性，而如果在实例方法中引用某个属性（不做更改），并且存在同名的类属性，此时若实例对象有该名称的实例属性，则实例属性会屏蔽类属性，即引用的是实例属性，若实例对象没有该名称的实例属性，则引用的是类属性；如果在实例方法中更改某个属性，并且存在同名的类属性，此时若实例对象有该名称的实例属性，则修改的是实例属性，若实例对象没有该名称的实例属性，则会创建一个同名称的实例属性。想要修改类属性，如果在类外，可以通过类对象修改，如果在类里面，只有在类方法中进行修改。

从类方法、实例方法以及静态方法的定义形式就可以看出来，类方法的第一个参数是类对象 cls，那么通过 cls 引用的必定是类对象的属性和方法；而实例方法的第一个参数是实例对象 self，那么通过 self 引用的可能是类属性，也有可能是实例属性，不过在存在相同名称的类属性和实例属性的情况下，实例属性优先级更高。静态方法中不需要额外定义参数，因此在静态方法中引用类属性的话，必须通过类对象来引用。

2.4.3　继承和多态

1. 继承

面向对象程序设计带来的主要好处之一是代码的重用。当设计一个新类时，为了实现这种重用可以继承一个已设计好的类。一个新类从已有的类那里获得其已有特性，这种现象称为类的继承（inheritance）。通过继承，在定义一个新类时，先把已有类的功能包含进来，然后再给出新功能的定义或对已有类的某些功能重新定义，从而实现类的重用。从另一角度说，从已有类产生新类的过程就称为类的派生（derivation），即派生是继承的另一种说法，只是表述问题的角度不同而已。

在继承关系中，被继承的类称为父类或超类，也可以称为基类，继承的类称为子类。在 Python 中，类继承的定义形式如下：

```
class 子类名（父类名）：
    类体
```

在定义一个类的时候，可以在类名后面紧跟一对括号，在括号中指定所继承的父类，如果有多个父类,多个父类名之间用逗号隔开。

2. 多重继承

前面所介绍的继承都属于单继承,即子类只有一个父类。实际上,常常有这样的情况:一个子类有两个或多个父类,子类从两个或多个父类中继承所需的属性。Python 支持多重继承,允许一个子类同时继承多个父类,这种行为称为多重继承(multiple inheritance)。

多重继承的定义形式是:

class 子类名(父类名 1,父类名 2,…):

　　类体

此时有一个问题就是,如果子类没有重新定义构造方法,它会自动调用哪个父类的构造方法? Python 2.x 采用的规则是深度优先,先是第一个父类,然后是第一个父类的父类,依次类推。但 Python 3.x 不会深度搜索,而搜索后面的父类。如果子类重新定义了构造方法,需要显式去调用父类的构造方法,此时调用哪个父类的构造方法由程序决定。若子类没有重新定义构造方法,则只会执行第一个父类的构造方法,并且若父类 1、父类 2、……中有同名的方法,通过子类的实例化对象去调用该方法时调用的是第一个父类中的方法。

对于普通的方法,其搜索规则和构造方法是一样的。

3. 多态

多态即多种形态,是指不同的对象收到同一种消息时会产生不同的行为。在程序中消息就是调用函数,不同的行为就是指不同的实现方法,即执行不同的函数。

Python 中的多态和 C++、Java 中的多态不同,Python 中的变量是弱类型的,在定义时不用指明其类型,它会根据需要在运行时确定变量的类型。在运行时确定其状态,在编译阶段无法确定其类型,这就是多态的一种体现。此外,Python 本身是一种解释性语言,不进行编译,因此它就只在运行时确定其状态,故也有人说 Python 是一种多态语言。在 Python 中很多地方都可以体现多态的特性,例如内置函数 len( ),len 函数不仅可以计算字符串的长度,还可以计算列表、元组等对象中的数据个数,这里在运行时通过参数类型确定其具体的计算过程,正是多态的一种体现。

2.5　文 件 操 作

文件操作是一种基本的输入输出方式,在实际问题求解过程中经常碰到。数据以文件的形式进行存储,操作系统以文件为单位对数据进行管理,文件系统仍是一般高级语言普遍采用的数据管理方式。

2.5.1　文件的打开与关闭

在对文件进行读写操作之前首先要打开文件,操作结束后应该关闭文件。Python 提供了文件对象,通过 open( )函数可以按指定方式打开指定文件并创建文件对象。

1. open( )函数

Python 提供了基本的函数和对文件进行操作的方法。要读取或写入文件,必须使用内置的 open( )函数来打开它。该函数创建一个文件对象,可以使用文件对象来完成各种文件操作。open( )函数的一般调用格式为:

文件对象=open(文件说明符[,打开方式][,缓冲区])

其中,文件说明符指定打开的文件名,可以包含盘符、路径和文件名,它是一个字符串。注意,文件路径中的"\"要写成"\\",例如,要打开 E:\MyPython 中的 test.dat 文件,文件说明符要写成"E:\\MyPython\\test.dat";打开方式指定打开文件后的操作方式,该参数是字符串,必须小写。文件操作方式是可选参数,默认为 r(只读操作)。文件操作方式用具有特定含义的符号表示,如表 2-1 所示;缓冲区设置表示文件操作是否使用缓冲存储方式。如果缓冲区参数被设置为 0,表示不使用缓冲存储。如果该参数设置为 1,表示使用缓冲存储。如果指定的缓冲区参数为大于 1 的整数,则使用缓冲存储,并且该参数指定了缓冲区的大小。如果缓冲区参数指定为 –1,则使用缓冲存储,并且使用系统默认缓冲区的大小,这也是缓冲区参数的默认设置。

表 2-1　文件操作方式

打开方式	含义	打开方式	含义
r(只读)	为输入打开一个文本文件	r+(读写)	为读/写打开一个文本文件
w(只写)	为输出打开一个文本文件	w+(读写)	为读/写建立一个新的文本文件
a(追加)	向文本文件尾增加数据	a+(读写)	为读/写打开一个文本文件
rb(只读)	为输入打开一个二进制文件	rb+(读写)	为读/写打开一个二进制文件
wb(只写)	为输出打开一个二进制文件	wb+(读写)	为读/写建立一个新的二进制文件
ab(追加)	向二进制文件尾增加数据	ab+(读写)	为读/写打开一个二进制文件

open( )函数以指定的方式打开指定的文件,文件操作方式符的含义如下。

(1)用"r"方式打开文件时,只能从文件向内存输入数据,而不能从内存向该文件写数据。以"r"方式打开的文件应该已经存在,不能用"r"方式打开一个并不存在的文件(即输入文件),否则将出现 FileNotFoundError 错误。这是默认打开方式。

(2)用"w"方式打开文件时,只能从内存向该文件写数据,而不能从文件向内存输入数据。如果该文件原来不存在,则打开时建立一个以指定文件名命名的文件。如果原来的文件已经存在,则打开时将文件删空,然后重新建立一个新文件。

(3) 如果希望向一个已经存在的文件的尾部添加新数据(保留原文件中已有的数据),则应用 "a"方式打开。如果该文件不存在,则创建并写入新的文件。打开文件时,文件的位置指针在文件末尾。

(4) 用"r+""w+""a+"方式打开的文件可以写入和读取数据。用"r+"方式打开文件时,该文件应该已经存在,这样才能对文件进行读/写操作。用"w+"方式打开文件时,如果文件存在,则覆盖现有的文件。如果文件不存在,则创建新的文件并可进行读取和写入操作。用"a+"方式打开的文件,则保留文件中原有的数据,文件的位置指针在文件末尾,此时可以进行追加或读取文件操作。如果该文件不存在,它创建新文件并可进行读取和写入操作。

2. 关闭文件

文件使用完毕后,应当关闭,这意味着释放文件对象以供别的程序使用,同时也可以避免文件中数据的丢失。用文件对象的 close( )方法关闭文件,其调用格式为:

close( )

close( )方法用于关闭已打开的文件,将缓冲区中尚未保存的数据写入磁盘,并释放文件对象。此后,如果再想使用刚才的文件,则必须重新打开。应该养成在文件访问完之后及时关闭的习惯,一方面是避免数据丢失,另一方面是及时释放内存,减少系统资源的占用。

2.5.2　文本文件的操作

1. 文本文件的读取

Python 对文件的操作都是通过调用文件对象的方法来实现的,文件对象提供了 read( )、readline( )和 readlines( )方法用于读取文本文件的内容。

(1) read( )方法

read( )方法的用法如下:

变量=文件对象.read( )

其功能是读取从当前位置直到文件末尾的内容,并作为字符串返回,赋给变量。如果是刚打开的文件对象,则读取整个文件。read( )方法通常将读取的文件内容存放到一个字符串变量中。

read( )方法也可以带有参数,其用法如下:

变量=文件对象.read(count)

其功能是读取从文件当前位置开始的 count 个字符,并作为字符串返回,赋给变量。如果文件结束,就读取到文件结束为止。如果 count 大于文件从当前位置到末尾的字符数,则仅返回这些字符。

用 Python 解释器或 Windows 记事本建立文本文件 data.txt,其内容如下:

Python is very useful.

Programming in Python is very easy.

看下列语句的执行结果。

```
>>> fo = open("data.txt","r")
>>> fo.read()
'Python is very useful.\nProgramming in Python is very easy.\n'
>>> fo = open("data.txt","r")
>>> fo.read(6)
'Python'
```

例 2-3　已经建立文本文件 data.txt,统计文件中元音字母出现的次数。

分析:先读取文件的全部内容,得到一个字符串,然后遍历字符串,统计元音字母的个数。

程序如下:

```
infile = open("data.txt","r")          # 打开文件,准备输出文本文件
s = infile.read()                       # 读取文件全部字符
print(s)                                # 显示文件内容
n = 0
for c in s:                             # 遍历读取的字符串
    if c in 'aeiouAEIOU': n += 1
print(n)
infile.close()                          # 关闭文件
```

程序运行结果如下:

Python is very useful.

Programming in Python is very easy.

(空一行)

15

(2) readline()方法

readline()方法的用法如下:

变量=文件对象.readline()

其功能是读取从当前位置到行末(即下一个换行符)的所有字符,并作为字符串返回,赋给变量。通常用此方法来读取文件的当前行,包括行结束符。如果当前处于文件末尾,则返回空串。

(3) readlines()方法

readlines()方法的用法如下:

变量=文件对象.readlines()

其功能是读取从当前位置直到文件末尾的所有行,并将这些行构成列表返回,赋给变量。列表中的元素即每一行构成的字符串。如果当前处于文件末尾,则返回空列表。

2. 文本文件的写入

当文件以写方式打开时,可以向文件写入文本内容。Python 文件对象提供两种写文件的方法:write( )方法和 writelines( )方法。

(1) write( )方法

write( )方法的用法如下:

文件对象 .write(字符串)

其功能是在文件当前位置写入字符串,并返回字符的个数。例如:

```
>>> fo = open("file1.dat","w")
>>> fo.write("Python 语言 ")
8
>>> fo.write("Python 程序 \n")
9
>>> fo.write("Python 程序设计 ")
10
>>> fo.close( )
```

上面的语句执行后会创建 file1.dat 文件,会将给定的内容写在该文件中,并最终关闭该文件。用编辑器查看该文件内容如下:

```
Python 语言 Python 程序
Python 程序设计
```

从执行结果看出,每次 write( )方法执行完后并不换行,如果需要换行则在字符串最后加换行符 "\n"。

(2) writelines( )方法

writelines( )方法的用法如下:

文件对象.writelines(字符串元素的列表)

其功能是在文件当前位置处依次写入列表中的所有字符串。

参 考 文 献

［1］教育部高等学校大学计算机课程教学指导委员会.新时代大学计算机基础课程教学基本要求［M］.北京:高等教育出版社,2023.

［2］刘卫国.大学计算机［M］.5版.北京:高等教育出版社,2022.

［3］严晖,刘卫国.大学计算机学习与实验指导［M］.5版.北京:高等教育出版社,2022.

［4］刘卫国,牛莉.WPS Office 高级应用［M］.北京:北京邮电大学出版社,2022.

［5］牛莉,刘卫国.WPS Office 高级应用实践教程［M］.北京:北京邮电大学出版社,2022.

［6］刘卫国.Python 语言程序设计［M］.2版.北京:电子工业出版社,2024.